高等教育 质量工程·新媒体丛书

摄影后期处理与制作

宇克伟 主编　郭勇 陆阳 孟男 副主编

清华大学出版社

北京

内 容 简 介

本书全面介绍了 Photoshop CC 与摄影后期处理有关的各项技术,并充分展示了创意的效果和艺术的欣赏价值。

本书以大量实例为基础,按照"从简单到复杂,从单一到综合"的原则,介绍了拍摄失误的后期弥补、自由调配色彩、修复瑕疵和缺陷、人像修饰、后期特效制作、制作特殊合成图片与增加文字效果六大方面,让读者可以循序渐进地掌握图像处理技巧,将理论与实践相结合。本书详细介绍每个实例的具体操作方法和技巧,让读者真正将实例学透,掌握其精髓,以应对各种不同的摄影后期处理需求。在巩固基础的同时,可以举一反三,激发读者对摄影后期处理与创意设计的灵感。

本书内容丰富、案例实用、结构新颖、讲解通俗易懂,可作为高等院校摄影艺术专业及相关专业的教材,也可供摄影爱好者及从事摄影艺术相关工作人员参考。

图书在版编目(CIP)数据

摄影后期处理与制作/宇克伟主编. —北京:清华大学出版社,2020.8
(高等教育质量工程·新媒体丛书)
ISBN 978-7-302-55891-0

Ⅰ. ①摄⋯ Ⅱ. ①宇⋯ Ⅲ. ①数字照相机–图像处理 Ⅳ. ①TP391.413

中国版本图书馆 CIP 数据核字(2020)第 108974 号

责任编辑:白立军 杨 帆
封面设计:杨玉兰
责任校对:徐俊伟
责任印制:沈 露

出版发行:清华大学出版社
    网   址:http://www.tup.com.cn, http://www.wqbook.com
    地   址:北京清华大学学研大厦 A 座 邮 编:100084
    社 总 机:010-62770175 邮 购:010-83470235
    投稿与读者服务:010-62776969,c-service@tup.tsinghua.edu.cn
    质 量 反 馈:010-62772015,zhiliang@tup.tsinghua.edu.cn
    课 件 下 载:http://www.tup.com.cn,010-83470236
印 装 者:三河市龙大印装有限公司
经 销:全国新华书店
开 本:185mm×260mm 印 张:13.25 字 数:312 千字
版 次:2020 年 8 月第 1 版 印 次:2020 年 8 月第 1 次印刷
定 价:69.00 元

产品编号:077577-01

前　　言

　　Photoshop CC 作为目前较为流行的编辑、设计图片的软件，不仅能够应用于复杂图像处理与抠图中，还能够有效地将图形图像设计创作、合成、编辑、打印等多方面功能融为一体。本书在汲取同类教材成功经验的同时又保证了自己的特色。

　　全书共分 9 章。第 1 章介绍数码照片导入计算机的方法，包括使用读卡器将照片导入计算机，对计算机内的照片文件进行整理，使用扫描仪实现传统照片的数字化和认识数码照相机常用图像格式等；第 2 章介绍 Photoshop CC 入门基础；第 3 章介绍拍摄失误的后期弥补，包括使用色阶工具校正曝光不足，使用曝光度工具调亮夜景照片和调整照片曝光过度等；第 4～6 章介绍自由调配色彩、修复瑕疵和缺陷，以及人像修饰；第 7 章介绍后期特效制作，包括添加照片时尚元素，打造柔光效果，渲染镜头光照，模拟雨中人物、雪景和风吹等；第 8、9 章介绍制作特殊合成图片与增加文字效果，以及打印输出。

　　本书实用性较强，是一本学习 Photoshop CC 应用软件的基础教材。全书以学习 Photoshop CC 为主线，每章配有相应专业的应用实例，主要培养摄影、传媒等行业的新型人才。

　　在编写过程中，得到了哈尔滨师范大学领导及培养处负责同志的大力支持。由于作者水平有限，书中难免有不妥和纰漏之处，恳请各位专家、同仁和读者不吝赐教。

编　者

2020年5月

目　录

第1章 数码照片导入计算机的方法

1.1 认识数码胶卷——存储卡

现在市场上常见的存储卡类型很多，主要有智慧卡（Smart Media，SM 卡）、闪存卡（Compact Flash，CF 卡）、多媒体卡（Multi Media Card，MMC 卡）、记忆棒（Memory Stick，MS 卡）、安全数字卡（Secure Digital，SD 卡）和 XD 图像卡（Extreme Digital-Picture Card）等。

1. SM 卡

SM 卡是由东芝公司在 1995 年 11 月发布的 Flash Memory 存储卡，三星公司在 1996 年购买了其生产和销售许可，这两家公司成为主要的 SM 卡厂商。为了推动 SM 卡成为工业标准，1996 年 4 月成立了 SSFDC（Solid State Floppy Disk Card）论坛，实际上最开始时 SM 卡被称为 SSFDC，1996 年 6 月改名为 SM 卡，并成为东芝的注册商标。SSFDC 论坛有超过 150 个成员，同样包括不少大厂商，如 SONY、SHARP、JVC、PHILIPS、NEC、SanDisk 等厂商。SM 卡也是市场上常见的微存储卡，一度在 MP3 播放器上非常流行，如图 1-1 所示。

图 1-1

SM 卡的尺寸为 37mm×45mm×0.76mm，由于 SM 卡本身没有控制电路，而且由塑胶制成（被分成了许多薄片），因此 SM 卡的体积小巧轻薄，在 2002 年以前被广泛应用于数码产品当中，例如，奥林巴斯公司的老款数码照相机以及富士公司的老款数码照相机多采用 SM 卡。但由于 SM 卡的控制电路是集成在数码产品当中（比如数码照相机），这使得数码照相机的兼容性容易受到影响。也正是因为这个问题，目前新推出的数码照相机中都已经没有采用 SM 卡的产品了。

2. CF 卡

CF 卡是由 SanDisk、日立、东芝、Ingentix、松下等 5C 联盟在 1994 年率先推出的，已

经拥有佳能、LG、爱普生、卡西欧、美能达、尼康、柯达、NEC、Polaroid、松下、Psion、HP 等众多的 OEM 用户和合作伙伴，厂商根基十分牢固。

CF 卡和 SM 卡一样，都是最早出现的存储卡产品，目前市面上的 CF 卡主要分为 CF I 和 CF II 两种。其外形接近，并同样使用 50 针的接口，但由于 CF II 的厚度增加到 5mm，因此在容量上要比 CF I 大。另外值得注意的是，只支持 CF I 卡的数码照相机不支持 CF II 卡，但由于其自身带有记忆口和控制器，所以 CF II 卡数码照相机则可向下兼容 CF I。佳能公司和尼康公司的数码照相机都是 CF 存储卡的坚定拥护者，数码单反照相机也几乎都使用 CF 卡作为存储介质。

虽然 CF 卡问世已久，不过目前仍然散发着活力，很多大容量、小体积的 CF 类型的存储卡不断推出，其中包括 IMB 公司以及东芝公司的微型硬盘系列，此外像 SanDisk 等大厂商也研发出容量高达 64GB 的 CF 卡，这些超大容量的 CF 卡在专业数码照相机上有充分发挥的空间，如图 1-2 所示。

现在数码照相机采用的 CF 卡中，存取速度的标志为×，其中 1×=150KB/s，如 4×（600KB/s）、8×（1.2MB/s）、10×（1.5MB/s）、12×（1.8MB/s），现在已经有了最高 40×的 CF 卡。相对而言，采用更快的 CF 卡会提高数码照相机的拍摄效果，但实际应用当中一些中、低端的数码照相机产品由于 CCD 感光器、使用的元器件，以及技术方面的原因，即使使用了更高速的 CF 卡，速度方面的优势也很难体现出来。所以建议高端数码照相机用户可以考虑选择高速的 CF 卡，以加快存取速度，保证拍摄的效果。

3. MMC 卡

由于传统的 CF 卡体积较大，所以 infineon 和 SanDisk 公司在 1997 年共同推出了一种全新的存储卡——MMC 卡。MMC 卡的尺寸为 32mm×24mm×1.4mm，比普通的 SM 卡稍厚，但体积比 SM 卡更小。MMC 卡采用 7 针的接口，主要应用于数码照相机、手机和一些 PDA 产品上，价格相对较贵。

采用 MMC 卡的数码照相机在体积上比较小巧，由于 MMC 卡和 SD 卡兼容，且 MMC 卡相对 SD 卡的价格要便宜一些，因此其还有一定的市场发展空间，但这个余地已经不是很大，如图 1-3 所示。

图 1-2

图 1-3

4. MS 卡

作为老牌的数码产品制造商，SONY 公司也于 1999 年推出了自己的存储卡产品——记忆棒（Memory Stick，MS 卡）。由于 SONY 公司的数码产品线非常丰富，使得 MS 卡广泛普及，现在 MS 卡已经广泛应用于数码照相机、PDA 和数码摄像机中，如图 1-4 所示。

鉴于其他厂商推出了更快、更小的存储卡，因此 SONY 公司也推出了 MS 卡的扩展升级产品，包括 Memory Stick PRO、Memory Stick Duo、Memory Stick PRO Duo。Memory Stick PRO 称为增强型记忆棒，尺寸为 50mm×21.5mm×2.8mm，最高传输速度可达 160Mb/s，Memory Stick PRO 不向下兼容原有的记忆棒，因此购买产品的时候必须看清楚是否支持这种类型的记忆棒。

5. SD 卡

SD 卡是由松下公司、东芝公司和 SanDisk 公司共同开发的一种全新的存储卡产品，最大的特点就是通过加密功能，保证数据资料的安全保密。SD 卡在外形上同 MMC 卡保持一致，并且兼容 MMC 卡接口规范。SD 卡目前被广泛运用在袖珍数码照相机产品上，自 2003 年起，SD 卡已经超越 CF 卡，成为目前数码照相机销售中的第一存储卡，如图 1-5 所示。

图 1-4

图 1-5

为了让 SD 卡拥有更快的速度和更小巧的体积，SD 卡阵营终于发表了名为 miniSD 的比原来更小的存储卡。其外形尺寸为 20mm×21.5mm×1.4mm，封装面积是原来 SD 卡的 44%、体积是原来 SD 卡的 63%。miniSD 卡的接口比 SD 卡的 9 个还多 2 个，有 11 条信号线。多出的两条信号线是为未来扩展性能准备的。例如，可用于非接触型 IC 等近距离无线通信的天线连接等，剩下的 9 条信号线是与原来 SD 卡相同标准的信号线。

6. XD 图像卡

XD 图像卡是富士公司和奥林巴斯光学工业株式会社为旗下存储设备专门开发的产品，这 XD 图像卡的尺寸为 20.0mm×25.0mm×1.7mm，重量仅为 3g，也是目前最小、最轻的存储卡之一。2002 年 7 月由富士公司和奥林巴斯公司推出的数码照相机，全部采用 XD 卡作为介质。其读出速度高达 5MB/Sec、写入速度高达 3MB/Sec（规格：64MB 以上），消耗电力仅 25MW，如图 1-6 所示。

图 1-6

1.2　直接从数码照相机上将照片导入计算机

通常情况下会采用数据线或者通过连接 WiFi 的方式将照片导入计算机中，具体方法如下。

1. 使用数据线将照片导入计算机

（1）使用数据线将数码照相机与计算机相连。

（2）打开数码照相机的电源开关。

（3）打开桌面"计算机"，在便捷设备下会出现数码照相机的标志。

（4）双击照相机标志，进入照相机后，然后双击打开存储卡。

（5）进入后就可以对数码照相机里的照片进行管理，找到需要的照片，然后按 Ctrl+C 键或 Ctrl+X 键对照片进行复制或者剪切。

（6）双击需要放照片的文件夹，右击，在弹出的快捷菜单中选择"粘贴"命令，或直接按 Ctrl+V 键，至此就完成了把数码照相机里的照片上传到计算机上。

2. 通过 WiFi 将照片导入计算机

（1）开启数码照相机 WiFi 功能。

（2）寻找 WiFi，并选定可用的网络。

（3）输入正确无线网络密码。

（4）在 IP 地址设置中选择"自动"。

（5）选择"PC 连接"，开始配对设备，配对成功后选"确定"。

（6）设备连接成功后，屏幕右下角会出现一个照相机图标，此时即可用计算机遥控数码照相机拍照。

（7）启动 Digital Photo Professional，即可通过 WiFi 向计算机传输照片。

提示：本方法仅限支持 WiFi 功能的数码照相机设备使用。

1.3　使用读卡器将照片导入计算机

（1）开启计算机电源。

（2）把数码照相机的存储卡放入读卡器的相应插口中，如图 1-7 所示。

（3）将准确插好数码照相机存储卡的读卡器连接到计算机的 USB 插口中。

（4）此时会出现 U 盘启动窗口，也可手动开启 U 盘。

（5）双击打开数码照相机存储卡中保存照片的文件夹，即可看到所拍摄的所有照片。

（6）右击照片，在弹出的快捷菜单中选择"复制"命令，复制照片。

（7）打开照片的存储路径，建立文件夹并命名后打开，右击，在弹出的快捷菜单中选择"粘贴"或直接按 Ctrl+V 键即可直接粘贴到计算机中。还可以通过按住 Ctrl 键并单击或者按 Ctrl+A 键全选照片，然后快速将照片粘贴到计算机相应文件夹中。

图 1-7

1.4　对计算机内的照片文件进行整理

如某品牌数码照相机自带的照片分类管理软件，会按照自定义或者导入日期分类。当然也可以手工进行分类整理，分类整理方法如下。

首先必须要做的是对照片进行备份，备份的习惯因人而异，最简单的是拍完照片后，将所有的数据（包括 RAW 和 JPG）都复制两份，一份用来修片整理，一份作为备份，整理好照片后，可用整理好的照片备份替换到最初的备份。

其次可以自己定义几个大的分类，如人物、风景、静物等，这样定义后比较容易分类别查找。

另一种方法是按照导入日期来管理，适合于拍照比较频繁，照片数量庞大的情况。例如，按照年份来整理照片，标明拍摄年份，在其年份下再按照拍摄时间+拍摄内容进行罗列。

如果硬盘比较大，建议结合上述两种方法整理照片，先将照片按照导入日期分类，在此文件夹内进行整理。再将整理好的文件复制一份到大的按主题分类的文件夹里。

将照片备份好，按照日期导入后，通常的整理方法如下：

将当天拍摄的照片按拍摄主题分类，通常可以给文件夹的命名设定为前缀+地名、后缀+日期，如"哈尔滨 中央大街人物 18-01-07"。接下来对文件进行修片，先将 RAW 和 JPG 单独设置文件夹分别保存。对 RAW 照片再进行细分，如果数量不多或者拍摄角度太复杂等情况也可以一张一张修改。

如果时间不充分的情况下，建议使用批处理，实施批处理之前将照片按照顺光、逆光、曝光偏差较大 3 种类型分组。对不同分组进行批处理，处理方法根据自己的经验和偏好而定。

1.5 使用扫描仪实现传统照片的数字化

旧（传统）照片是一种情结，旧照片是一种回忆。但是，旧照片也是有生命周期的，很多拥有美好回忆的旧照片因时间的流逝而褪色、掉皮、有折痕、有霉点。为方便旧照片的留存，以下介绍一套旧照片扫描流程。

（1）准备旧照片。将旧照片从相册中取出，这样的旧照片一般不会有灰尘，所以不需要做外部清洁处理。如果旧照片没有在相册中存放，可以用一块干净的无水白布轻轻擦拭，做基础清洁。另外，旧照片有附着物，如油渍、汗渍、胶水等，尽量不要用手抠或借助其他工具清除，这些情况后期可以用 Photoshop 处理。

（2）准备扫描仪（Scanner）。①将扫描仪平放在桌面上，清洁扫描仪镜面。如果扫描仪的玻璃扫描平台上有灰尘或污点也会影响扫描效果，所以在使用前有必要将扫描仪扫描台面上的玻璃擦拭干净。②为旧照片选择好扫描位置。为了最大限度地减小光学透镜导致的失真，要将老照片摆放到扫描起始线的中央，从而保证扫描质量。③旧照片扫描前的热身运动。在扫描仪开始扫描前还是要让它"热热身"，即扫描前先打开扫描仪预热 5～10 分钟，使内部灯管达到均匀发光状态，从而确保光线平均照到每寸照片上。

（3）开始进行旧照片扫描。扫描仪是利用光电技术和数字处理技术，以扫描方式将图形或图像信息转换为数字信号的装置。扫描仪通常被用于计算机外部仪器设备，通过捕获图像并将其转换成计算机可以显示、编辑、存储和输出的数字化输入设备。扫描仪对照片、文本页面、图纸、美术图画、照相底片、菲林软片，甚至纺织品、标牌面板、印制板样品等三维对象都可作为扫描对象，提取和将原始的线条、图形、文字、照片、平面实物转换成可以编辑及加入文件中的装置。扫描仪属于计算机辅助设计中的输入系统，通过计算机软件、计算机、输出设备接口组成网印前计算机处理系统，而适用于办公自动化，广泛应用在标牌面板、印制板、印刷行业等。

常见的扫描仪有滚筒式扫描仪和平面扫描仪，近几年又出现了笔式扫描仪、便携式扫描仪、馈纸式扫描仪、胶片扫描仪、底片扫描仪和名片扫描仪等。平面扫描仪一般用于扫描照片，该类扫描仪的缺点是预热时间长、扫描速度较慢，但优点是精度高，如图 1-8 所示。

图 1-8

1.6　认识数码照相机常用的图像格式

为了能表现逼真的图像效果，使用数码照相机拍摄的图片都是位图文件。位图图像也称为点阵图像，是由称为像素的单个点组成的，这些点可以进行不同的排列和染色以构成图像。像素是组成图像的最基本单元，是一个小的矩形颜色块，每个像素都有位置、颜色、尺寸等属性，单位长度内的像素越多，图像质量越高，效果越好。放大位图，实际就是放大位图中的每像素，从而使线条和形状显得参差不齐。然而，如果从稍远的位置观看，图像的线条和形状又显得是连续的。位图文件的格式多达几十种，不同的格式都有不同的特性，下面介绍位图文件的几种常见格式。

1. JPEG

JPEG 是由国际标准化组织（ISO）和国际电报电话咨询委员会（CCITT）的联合图像专家组（Joint Photographic Experts Group，JPEG）制定的静止图像压缩标准，文件名后缀是.jpg，这也是最常见的一种文件格式，几乎所有的图像软件都可以打开它。现在，它已经成为印刷品和万维网发布的压缩文件的主要格式。JPEG 格式能很好地再现全彩色图像，较适合摄影图像的存储。由于 JPEG 格式的压缩算法是采用平衡像素之间的亮度色彩来压缩的，因而更有利于表现带有渐变色彩且没有清晰轮廓的图像。

JPEG 格式允许用可变压缩的方法，保存 8 位、24 位、32 位深度的图像。JPEG 使用了有损压缩格式，这就使它成为迅速显示图像并保存较好分辨率的理想格式。当进行印刷或在显示器上观察时，JPEG 一般可将图像压缩为原大小的十分之一而看不出明显差异。也正是由于 JPEG 格式可以进行大幅度的压缩，使得它方便存储、通过网络进行传送，所以得到了广泛的应用。当使用 JPEG 格式保存图像时，Photoshop 给出了多种保存选项，可以选择用不同的压缩比例对 JPEG 文件进行压缩，即压缩率和图像质量都是可选的。

2. TIFF

TIFF 是 Tagged Image File Format（标签图像文件格式）的缩写，文件名后缀是.tif，这是现阶段印刷行业使用最广泛的文件格式。这种文件格式是由 Aldus 和 Microsoft 公司为存储黑白图像、灰度图像和彩色图像而定义的存储格式，现在已经成为出版多媒体 CD-ROM中的一个重要文件格式。虽然 TIFF 的历史比其他的文件格式长一些，但现在仍是使用最广泛的行业标准位图文件格式，这主要是由于 TIFF 的规格经过多次改进。TIFF 位图可具有任何大小的尺寸和分辨率。在理论上它能够有无限位深，即每样本点 1～8 位、24 位、32 位（CMYK 模式）或 48 位（RGB 模式）。TIFF 能对灰度模式、CMYK 模式、索引颜色模式或RGB 模式进行编码。几乎所有工作中涉及位图的应用程序，都能处理 TIFF，无论是置入、打印、修整还是编辑位图。

TIFF 可包含压缩和非压缩图像数据，如使用无损压缩方法 LZW 来压缩文件，图像的数据不会减少，即信息在处理过程中不会损失，能够产生大约 2∶1 的压缩比，可将原稿文

件消减到一半左右。

3. RAW

目前，数码照相机的存储格式除了 JPEG、TIFF 外，还有 RAW 格式。RAW 格式并不是一种图像格式，不能直接编辑。RAW 是 CCD 或 CMOS 在将光信号转换为电信号时的电平高低的原始记录，单纯将数码照相机内部没有进行任何处理的图像数据，即 CCD 等摄影元件直接得到的电信号进行数字化处理而得到的。而用 JPEG 格式拍摄时，先在数码照相机内部添加白平衡和饱和度等参数，然后生成图像数据、进行压缩处理。RAW 数据由于没有进行图像处理，因此只能利用数码照相机附带的 RAW 数据处理软件将其转换成 TIFF 等普通图像数据。

RAW 格式的图像文件保留了 CCD 捕获图像最高质量的信息，也为后期的制作提供了最大的余地。因此常常被采用，以获得最好质量的图像。由于各厂家 CCD/CMOS 的排列和转换方式不同，RAW 的记录方式也不同，只有通过厂家提供的转换程序转换成通用图像格式，才能为图像处理软件所接受。

4. GIF

GIF 是 Graphics Interchange Format（图像交换格式）的缩写，文件名后缀是.gif。这是由 CompuServe 公司在 1987 年开发的图像文件格式，可以说是历史悠久。GIF 是 Web 页上使用最普遍的图像文件格式，并且有极少数低像素的数码照相机拍摄的文件仍然用该格式存储。

GIF 只能保存最大 8 位色深的数码图像，所以它最多只能用 256 色表现物体，对于色彩复杂的物体它就力不从心了。正因为此，它的文件比较小，适合网络传输，而且它还可以用来制作动画。

5. BMP

BMP 是 Bitmap（位图）的缩写，文件名后缀是.bmp。它是微软公司为 Windows 环境设置的标准图像格式，在 Windows 环境下运行的所有图像处理软件都支持这种格式。Windows 3.0 以前的 BMP 格式与显示设备有关，因此把它称为设备相关位图（Device-Dependent Bitmap，DDB）的文件格式。Windows 3.0 以后的 BMP 格式与显示设备无关，因此把这种 BMP 格式称为设备无关位图（Device-Independent Bitmap，DIB），目的是让 Windows 能够在任何类型的显示设备上显示 BMP 格式文件。这种格式虽然是 Windows 环境下的标准图像格式，但是其体积庞大，不利于网络传输。

6. PCX

PCX 格式是 ZSoft 公司在开发图像处理软件 Paintbrush 时开发的一种格式，基于个人计算机（PC）的绘图程序的专用格式，一般的桌面排版、图形艺术和视频捕获软件都支持这种格式。PCX 支持 256 色调色板或全 24 位的 RGB，图像大小最多达 64K×64K 像素。不支持 CMYK 或 HSI 颜色模式，Photoshop 等多种图像处理软件均支持 PCX，PCX 压缩属于无损压缩。

PCX 图像文件由文件头和实际图像数据构成。文件头由 128 字节组成，描述版本信息和图像显示设备的横向、纵向分辨率，以及调色板等信息；在实际图像数据中，表示图像数据类型和彩色类型。PCX 图像文件中的数据都是用 PCXREL 技术压缩后的图像数据。PCX是 PC 画笔的图像文件格式。PCX 的图像深度可选为 1b、4b、8b。由于这种文件格式出现较早，它不支持真彩色。PCX 图像文件采用 RLE 行程编码，文件体中存放的是压缩后的图像数据。因此，将采集到的图像数据写成 PCX 文件格式时，要对其进行 RLE 编码；而读取一个 PCX 文件时首先要对其进行 RLE 解码，才能进一步显示和处理。

7. PSD

PSD/PDD 是 Adobe 公司的图形设计软件 Photoshop 的专用格式。PSD 文件可以存储成 RGB 或 CMYK 模式，还能够自定义颜色数并加以存储，还可以保存 Photoshop 的图层、通道、路径等信息，是目前唯一能够支持全部图像色彩模式的格式。但体积庞大，在大多平面软件内部可以通用（如 CDR、Ai、Ae 等），另外在一些其他类型编辑软件内也可使用，如 Office 系列。但是 PSD 的图像文件很少为其他软件和工具所支持。所以在图像制作完成后，通常需要转化为一些比较通用的图像格式（如 JPG），以便于输出到其他软件中继续编辑。

用 PSD 格式保存图像时，图像没有经过压缩。所以，当图层较多时，会占很大的硬盘空间。图像制作完成后，除了保存为通用的格式以外，最好再存储一个 PSD 的文件备份，直到确认不需要在 Photoshop 中再次编辑该图像。

8. PIC

PIC 是一种图像文件格式，图像文件格式是记录和存储影像信息的格式。对数字图像进行存储、处理、传播，必须采用一定的图像格式，也就是把图像的像素按照一定的方式进行组织和存储，把图像数据存储成文件就得到图像文件。图像文件格式决定了应该在文件中存放何种类型的信息，文件如何与各种应用软件兼容，文件如何与其他文件交换数据。使用一些常见的图片浏览器（如 ACDSee）或者图片处理软件（如 Photoshop）都可以打开 PIC 文件。

9. PNG

PNG 是新兴的一种网络图像格式，结合了 GIF 和 JPG 的优点，具有存储形式丰富的特点，PNG 最大的色深为 48b，采用无损压缩方式存储，是 Fireworks 的默认格式。

10. WMF

WMF 是微软公司设计的一种矢量图形文件格式，广泛应用于 Windows 平台，几乎每个 Windows 下的应用软件都支持这种格式，是 Windows 下与设备无关的最好格式之一。

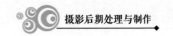

11. EMF

EMF 是 WMF 的增强版，是微软公司为弥补 WMF 的不足而推出的一种矢量文件格式。

12. CMX

CMX 格式是 COREL 公司经常使用的一种矢量文件格式，COREL 公司附带的矢量素材就采用这种格式。它的稳定性要比 WMF 和 EMF 都好，能更多地保存设计时的信息。

13. SVG

SVG 格式是一种开放标准的矢量图形语言，可设计出激动人心的、高分辨率的 Web 图形页面。该软件提供了制作复杂元素的工具，如简便、嵌入字体、透明效果、动画和滤镜效果等，并可以使用平常的字体命令插入 HTML 编码中。SVG 被开发的目的是为 Web 提供非光栅的图像标准。

第 2 章　Photoshop CC 入门基础

2.1　Photoshop CC 的主窗口界面

Photoshop CC 的主窗口界面主要由菜单栏、工具栏、选项栏、控制面板和操作区组成，如图 2-1 所示。

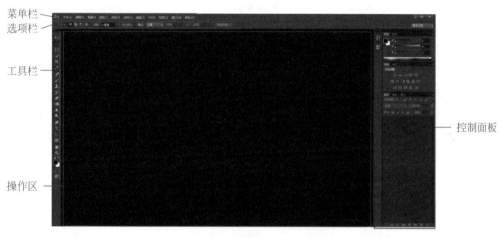

图 2-1

2.2　Photoshop CC 的"工具箱"面板

启动 Photoshop CC 时，"工具箱"面板将显示在屏幕左侧。"工具箱"面板中的某些工具会在上下文相关选项栏中提供一些选项。可以展开某些工具以查看它们后面的隐藏工具，工具图标右下角的小三角形表示存在隐藏工具。将指针放在工具上，便可以查看有关该工具的信息。工具的名称将出现在指针下面的工具提示中。工具箱相关工具注释如图 2-2 所示。

1. 选择工具

执行下列操作之一。

（1）单击"工具箱"面板中的某个工具。如果工具的右下角有小三角形，首先按住鼠标左键查看隐藏的工具，然后单击要选择的工具。

（2）按工具的快捷键。快捷键显示在工具提示中。例如，可以通过按 V 键选择移动工具。

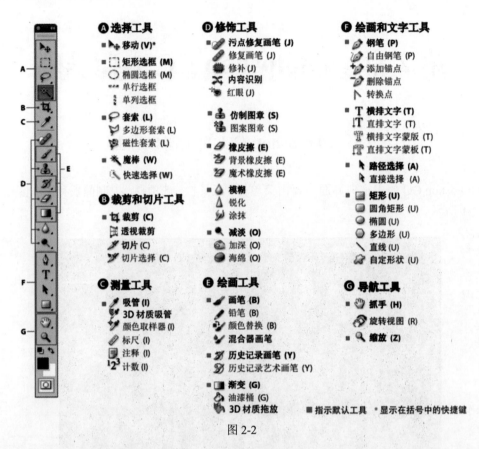

图 2-2

注意：按住快捷键可临时切换到工具。释放快捷键后，Photoshop 会返回到临时切换前所使用的工具。

"工具"面板相关注释如图 2-3 所示。

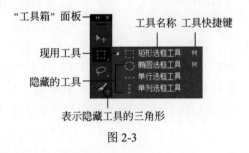

图 2-3

2. 循环切换隐藏的工具

默认情况下，按住 Shift 键并重复按工具的快捷键可以循环地在一组隐藏的工具之间进行切换。如果要在工具之间进行循环切换而无须按住 Shift 键，可以停用此首选项。

选择"编辑"→"首选项"→"常规"（Windows）或 Photoshop→"首选项"→"常规"（Mac OS），取消勾选"使用 Shift 键切换工具"复选框，如图 2-4 所示。

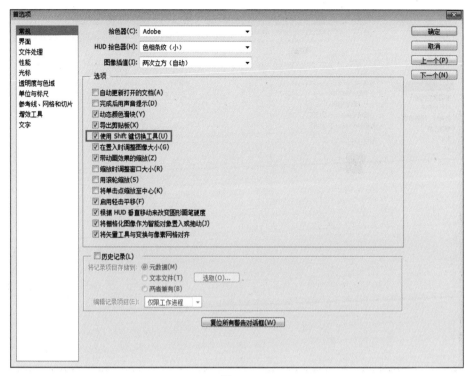

图 2-4

3. 更改工具指针

每个默认指针都有不同的热点，它是图像中效果或动作的起点。对于大多数工具，可以切换为显示形式为以热点为中心的十字线的精确光标。

大多数情况下，工具的指针与该工具的图标相同，在选择工具时将看到该指针。选框工具的默认指针是十字线指针，文字工具的默认指针为工字形指针，绘画工具的默认指针为"画笔大小"图标。

选择"编辑"→"首选项"→"光标"（Windows）或 Photoshop→"首选项"→"光标"（Mac OS）。

选择"绘画光标"或"其他光标"下的工具指针设置。

（1）标准：将指针显示为工具图标。

（2）精确：将指针显示为十字线。

（3）正常画笔笔尖：指针轮廓相当于工具将影响的区域的大约 50%。此选项显示将受到最明显影响的像素。

（4）全尺寸画笔笔尖：指针轮廓相当于工具将影响的区域的几乎 100%，或者说，几乎所有像素都将受到影响。

（5）在画笔笔尖显示十字线：在画笔形状的中心显示十字线。

（6）绘画时仅显示十字线：使用大画笔改进性能。

单击"确定"按钮，如图 2-5 所示。

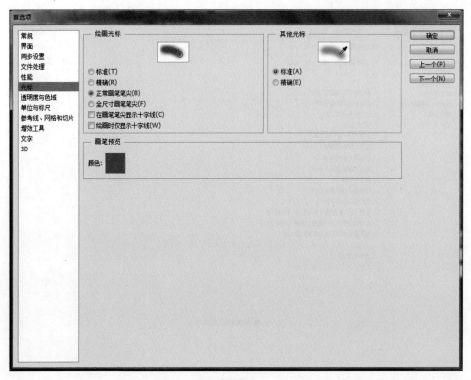

图 2-5

"绘画光标"选项控制下列工具的指针：橡皮擦、铅笔、画笔、修复画笔、仿制图章、图案图章、快速选择、涂抹、模糊、锐化、减淡、加深和海绵。

"其他光标"选项控制下列工具的指针：选框、套索、多边形套索、魔棒、裁剪、切片、修补、吸管、钢笔、渐变、直线、油漆桶、磁性套索、自由钢笔、标尺和颜色取样器工具。

4. 使用选项栏

选项栏将在工作区顶部和菜单栏之间出现，它会随所选工具的不同而改变。选项栏中的某些设置（如绘画模式和不透明度）是几种工具共有的，而有些设置则是某种工具特有的。

可以通过使用手柄栏在工作区中移动选项栏，也可以将它停放在屏幕的顶部或底部。当将指针悬停在工具上时，将会出现工具提示。要显示或隐藏选项栏，选择"窗口"→"选项"选项栏，如图 2-6 所示。

手柄栏　　工具提示

图 2-6

要将工具返回到其默认设置，右击（Windows）或按住 Ctrl 键单击（Mac OS）选项栏中的工具图标，在弹出的快捷菜单中选择"复位工具"或"复位所有工具"。

2.3　Photoshop CC 的首选项设置

在 Photoshop 中适当设置性能首选项可帮助计算机以最佳速度稳定运行，不会出现冻结、滞后或延迟。根据系统上的可用资源调整首选项，以便最大程度提升 Photoshop 性能。Photoshop 提供了一组首选项（"首选项"→"性能"）帮助优化使用内存、高速缓存、图形处理器、显示器等计算机资源。例如，"暂存盘"之类的其他设置（位于"首选项"对话框的其他选项卡中）可能也会直接影响计算机的运行速度和稳定性。

1. 调整分配给 Photoshop 的内存

通过增加分配给 Photoshop 的内存（RAM）容量，可以提升性能。"性能"首选项屏幕（"首选项"→"性能"）的"内存使用情况"区域显示了 Photoshop 可用内存，还显示了 Photoshop 内存分配的理想范围。默认情况下，Photoshop 使用 70%的可用 RAM 容量，如图 2-7 所示。

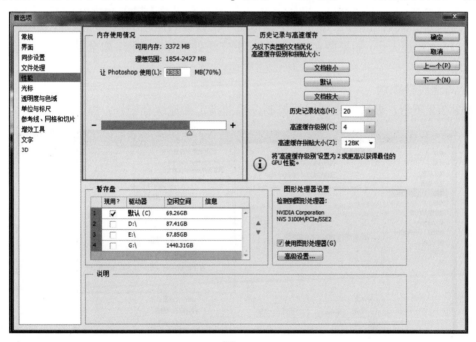

图 2-7

通过更改"让 Photoshop 使用"框中的值，增加分配给 Photoshop 的 RAM 容量；或者，也可以调整"内存使用情况"滑块。重新启动 Photoshop，使更改生效。

要找到系统的理想 RAM 容量分配值，以 5%为增量更改此分配值，并监视"效率"指示器中的性能变化，参阅密切关注"效率"指示器。不建议分配给 Photoshop 的计算机内存容量超过 85%，超过这个比例可能会导致没有剩余内存容量可分配给其他必需的系统应用程序，从而对性能造成影响。

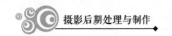
2. 调整高速缓存级别

1）高速缓存基础知识

Photoshop 使用图像高速缓存加快正在处理的高分辨率文档的重绘速度。可以指定多达 8 个级别的高速缓存图像数据，并从 4 个可用的高速缓存拼贴大小中选择一个。

增加高速缓存级别可提高 Photoshop 在工作时的响应速度，不过图像加载可能需要更长的时间。高速缓存拼贴大小决定 Photoshop 一次可处理的数据量。使用较大的拼贴，可加快复杂操作（如锐化滤镜）的处理速度；对于较小的更改（如画笔描边），使用较小的拼贴可提高响应速度。

2）高速缓存预设

"性能"首选项中提供了 3 种高速缓存预设。可选择 1 种与使用 Photoshop 的主要用例/目的相匹配的预设。

（1）Web/用户界面设计：如果要将 Photoshop 主要用于 Web、应用程序或屏幕设计，选择此选项。此选项适用于具有大量低到中等像素大小资源图层的文档。

（2）默认/照片：如果要将 Photoshop 主要用于修饰或编辑中等像素大小的图像，选择此选项。例如，如果通常在 Photoshop 中编辑用手机或数码照相机拍摄的照片，使用此选项。

（3）超大像素大小：如果要在 Photoshop 中广泛处理超大文档，如全景图、杂边绘画等，选择此选项。

3）高速缓存级别

如图 2-8 所示，要进行更精细的控制，手动指定高速缓存级别；默认值为 4。

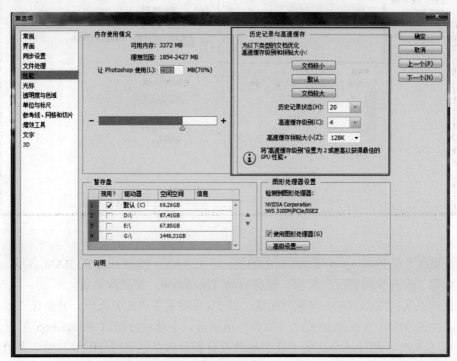

图 2-8

如果所使用的文件相对较小（大约为 100 万像素或 1280×1024 像素）且具有较多图层（50 个或更多），将"高速缓存级别"设置为 1 或 2。将"高速缓存级别"设置为 1 可停用图像高速缓存，并且只缓存当前屏幕的图像。

如果使用较大像素尺寸（即 5000 万像素或更大）的文件，将"高速缓存级别"设置为大于 4。高速缓存级别越高，重绘的速度越快。

3．限制历史记录状态

通过限制或减少 Photoshop 存储在"历史记录"面板中的历史记录状态数，可节省暂存盘空间并提高性能，节省的空间量取决于操作更改的像素数。例如，因小画笔描边或非破坏性操作（如创建或修改一个调整图层）而产生的历史记录状态只会占用少量空间；但是，对整个图像应用滤镜所占用的空间则会多许多。

Photoshop 最多可存储 1000 条历史记录状态，默认值为 20。要减少该数量，单击"首选项"对话框的"性能"选项卡，调整"历史记录与高速缓存"下"历史记录状态"框中的值，必要时可设置一个较低的值，如图 2-8 所示。

4．管理暂存盘

暂存盘可以是任何具有空闲存储空间的外部或内部驱动器或驱动器分区。默认情况下，Photoshop 将安装了操作系统的硬盘驱动器用作主暂存盘。可以在"首选项"对话框"性能"选项卡的"暂存盘"中调整暂存盘设置，如图 2-9 所示。

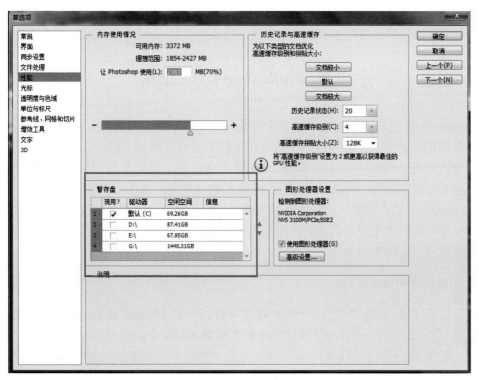

图 2-9

选择"编辑"→"首选项"→"性能"→"暂存盘"（Windows）或 Photoshop→"首选项"→"性能"→"暂存盘"（Mac OS）。

要启用或禁用暂存盘，选中或取消勾选"现用"复选框。要更改暂存盘的顺序，单击箭头按钮。调整顺序后，单击"确定"按钮。要应用这些更改，须重新启动 Photoshop。

暂存盘首选项设置建议：为了获得最佳性能，将暂存盘连接到所有可用端口中具有最高带宽限制的兼容端口。

各种端口的带宽限制如下：

Thunderbolt = 10GB/s

eSATA = 600MB/s

PCIe = 500MB/s

USB3 = 400MB/s

USB2 = 35MB/s

为了提高性能，将暂存盘设置为具有大量可用空间且读写速度较快的已执行碎片整理的硬盘。如果有多个硬盘，可以指定额外的暂存盘。Photoshop 最多支持 64 EB（艾字节），1EB=10 亿 GB 的暂存盘空间，这些空间最多可分布在 4 个卷上。

如果启动盘是硬盘而不是固态盘（Solid State Disk，SSD），尝试使用其他硬盘作为主暂存盘。然而，SSD 不论是作为主启动盘还是主暂存盘，都可以实现极佳的性能。事实上，与使用独立硬盘作为主暂存盘相比，使用 SSD 作为主暂存盘可能更好一些。

不要将暂存盘设置在要编辑的任何大型文件所在的驱动器上。暂存盘应位于操作系统用于虚拟内存的驱动器以外的其他驱动器上。Raid 磁盘/磁盘阵列非常适合于专用暂存盘卷。定期清理放置暂存盘的驱动盘中的碎片。

2.4 Photoshop CC 的图层

Photoshop 图层如同堆叠在一起的透明纸。可以透过图层的透明区域看到下面的图层；可以移动图层来定位图层上的内容，就像在堆栈中滑动透明纸一样；可以更改图层的不透明度以使内容部分透明；可以使用图层来执行多种任务，如复合多个图像、向图像添加文本或添加矢量图形形状；可以应用图层样式添加特殊效果，如投影或发光。

Photoshop 中的"图层"面板列出了图像中的所有图层、组和图层效果。可以使用"图层"面板显示和隐藏图层、创建新图层以及处理组，也可以在"图层"面板菜单中访问其他命令和选项，如图 2-10 所示。

1. 图层的常用操作技巧

（1）显示 Photoshop"图层"面板：选择"窗口"→"图层"命令。单击"图层"面板右上角的三角形，从 Photoshop"图层"面板菜单中选取命令。

（2）更改 Photoshop 图层缩览图的大小：从"图层"面板菜单中选取"面板选项"，然后选择缩览图大小。

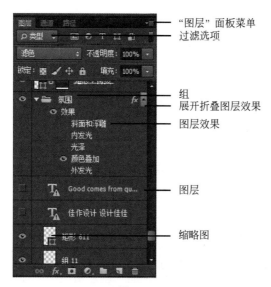

图 2-10

（3）更改缩览图内容：从"图层"面板菜单中选取"面板选项"，然后选择"整个文档"
以显示整个文档的内容。选择"图层边界"可将缩览图限制为图层上对象的像素。注意：
关闭缩览图可以提高性能和节省显示器空间。

（4）扩展和折叠组：单击组文件夹左侧的三角形。

（5）过滤 Photoshop 图层：在"图层"面板的顶部，使用过滤选项可帮助快速地在复杂
文档中找到关键层，可以基于类型、名称、效果、模式、属性或颜色标签显示图层的子集，
如图 2-11 所示。

打开"开关"，从"过滤"图层中选择一种"滤镜类型"，在"过滤条件"下拉菜单中
选择需要过滤的条件，如图 2-12 所示。

图 2-11

图 2-12

2. 图层的基础操作常识

1）创建图层和组

新图层将出现在"图层"面板中选定图层的上方，或出现在选定组内。

创建新图层或组，可选择执行下列操作之一。

（1）要使用默认选项创建新图层或组，单击"图层"面板中的"创建新图层"按钮或"新建组"按钮。

（2）选择"图层"→"新建"→"图层"命令或选择"图层"→"新建"→"组"命令。

（3）从"图层"面板菜单中选择"新建图层"命令或"新建组"命令。

（4）按住 Alt 键并单击"图层"面板中的"创建新图层"按钮或"新建组"按钮，以显示"新建图层"对话框并设置图层选项。

（5）按住 Ctrl 键并单击"图层"面板中的"创建新图层"按钮或"新建组"按钮，以在当前选中的图层下添加一个图层。

（6）设置图层选项，并单击"确定"按钮。参数释义如下。

① 名称：指定图层或组的名称。

② 使用前一图层创建剪贴蒙版：此选项不可用于组。

③ 颜色：为"图层"面板中的图层或组分配颜色。

④ 模式：指定图层或组的混合模式。

⑤ 不透明度：指定图层或组的不透明度级别。

⑥ 填充模式中性色：使用预设的中性色填充图层。

注意：要将当前选定的图层添加到新组中，选择"图层"→"组图层"命令或按住 Shift 键并单击"图层"面板底部的"新建组"按钮。

（7）从现有文件创建图层：①将文件图标拖动到 Photoshop 中打开的图像上；②移动、缩放或旋转导入的图像；③按 Enter 键。默认情况下，Photoshop 会创建智能对象图层。要从拖动的文件创建标准图层，取消勾选"首选项"对话框"常规"选项卡中的"将栅格化图像作为智能对象置入或拖动"复选框。

注意：如果置入的文件是多图层图像，则新图层上会出现拼合的版本。要改为复制各个图层，将它们复制到另一个图像中。

（8）使用其他图层中的效果创建图层：①在"图层"面板中选择现有图层；②将该图层拖动到"图层"面板底部的"创建新图层"按钮。新创建的图层包含现有图层的所有效果。

（9）将选区转换为新图层：

① 建立选区。

② 执行下列操作之一：选择"图层"→"新建"→"通过复制的图层"将选区复制到新图层中；选择"图层"→"新建"→"通过剪切的图层"剪切选区并将其粘贴到新图层中。

注意：必须栅格化智能对象或形状图层，才能启用这些命令。

2）查看组内的图层和组

执行下列操作之一可以打开组。

（1）单击文件夹图标左侧的三角形。

（2）右击文件夹图标左边的三角形，在弹出的快捷菜单中选择"打开这个组"命令。

（3）按住 Alt 键并单击文件夹图标左边的三角形，以打开或关闭一个组以及嵌套在其中的组。

3）显示或隐藏图层、组或样式

通过显示或隐藏图层、组或样式，可以隔离或只查看图像的特定部分，以便于编辑。

在"图层"面板中执行下列操作之一，可以显示或隐藏图层、组或样式。

（1）单击图层、组或图层效果旁的眼睛图标，以便在文档窗口中隐藏其内容。再次单击该列，以重新显示内容。要查看样式和效果的眼睛图标，单击"在面板中显示图层效果"图标。

（2）从"图层"菜单中选择"显示图层"或"隐藏图层"。

（3）按住 Alt 键并单击一个眼睛图标，只显示该图标对应的图层或组的内容。Photoshop 将在隐藏所有图层前记住它们的可见性状态。如果不想更改任何其他图层的可见性，在按住 Alt 键并单击同一个眼睛图标，即可恢复原始的可见性设置。

（4）在眼睛列中拖动，可改变"图层"面板中多个项目的可见性。

注意：如连接打印机，只可打印可见图层。

4）复制/粘贴图层

现在可以在 Photoshop 的一个文档内和多个文档之间复制并粘贴图层。

注意：在不同分辨率的文档之间粘贴图层时，粘贴的图层将保持其像素大小。此行为可能会使粘贴的部分与新图像不成比例。在复制和粘贴图像前，使用"图像大小"命令可以使源图像和目标图像的分辨率相同；也可以使用"自由变换"命令调整粘贴内容的大小。

5）复制/粘贴命令

复制："编辑"→"复制"命令或按 Ctrl+C 键复制选定的图层。

粘贴："编辑"→"粘贴"命令或按 Ctrl+V 键将复制的图层粘贴到所选文档的中心位置。粘贴会创建一个重复的图层，其中包括所有的位图和矢量蒙版以及图层效果。

原位粘贴："编辑"→"选择性粘贴"→"原位粘贴"命令或按 Ctrl+Shift+V 键将复制的图层粘贴到目标文档中与其在原始文档中的位置相对的位置。例如，位于大型文档右下角且包含内容的图层会粘贴到新文档的右下角。在所有情况下，Photoshop 都会尝试保持粘贴的图层中至少一些部分在目标文档中可见，这样就可以根据需要调整其位置。

注意：如果在复制图层后创建新文档，则可以使用"新建文档"对话框中的"剪贴板"选项。选择此选项会创建一个具有已复制图层大小的新文档，可以将复制的图层轻松粘贴到新文档中。当选择了一个或多个图层时，"剪切"会处于灰显状态。可直接在"图层"面板中删除图层。

6）复制/粘贴包含路径的图层的注意事项

（1）复制行为。

① 如果复制包含路径的图层（如形状图层），但在画布上没有选择路径，则图层会被复制到剪贴板。粘贴操作会创建一个重复的形状图层，其中包括所有的位图和矢量蒙版以及图层效果。

② 如果复制包含路径的图层（如形状图层），并且在画布上选择了路径，则路径会被复制到剪贴板。

③ 如果复制带有矢量蒙版的图层，但没有选择矢量蒙版，则所有图层数据均会被复制到剪贴板。粘贴会创建一个重复的图层，其中包括所有的位图和矢量蒙版以及图层效果。

④ 如果复制带有矢量蒙版的图层，并且选择了矢量蒙版，则路径数据会被复制到剪贴板。粘贴操作依赖于上下文。

（2）粘贴行为。

① 如果选择不含路径的图层（如位图图层），则粘贴路径数据会创建新的矢量蒙版。

② 如果选择包含路径的图层（如形状图层），但在画布上没有选择路径，则粘贴操作会替换图层中的当前形状。

③ 如果选择形状图层并选择路径，则粘贴操作会将路径数据粘贴到现有的形状图层中，从而将其与现有路径合并。

④ 如果选择带有矢量蒙版的图层，但没有选择矢量蒙版，则粘贴路径数据会替换矢量蒙版路径。

⑤ 如果选择带有矢量蒙版的图层，并且选择了矢量蒙版，则粘贴操作会将路径数据粘贴到矢量蒙版中，并将其与现有路径合并。

（3）合并复制：此命令可建立选定区域中所有可见图层的合并副本。

2.5　照片剪裁与重新构图

裁剪是移去部分照片以打造焦点或加强构图效果的过程。在 Photoshop 中使用裁剪工具裁剪并拉直照片。裁剪工具是非破坏性的，可以选择保留裁剪的像素以便稍后优化裁剪边界。裁剪工具还提供直观的方法，可在裁剪时拉直照片。对于所有操作，可视化指南都提供了交互式预览。在裁剪或拉直照片时，实时反馈可帮助用户以可视的方式呈现最终结果。

2.5.1　按照片比例重新剪裁构图

1. 三等分

（1）使用 Photoshop CC 打开图片，如图 2-13 所示。

（2）使用裁剪工具，三等分位置裁剪图片，如图 2-14 所示。

（3）裁剪前后效果对比如图 2-15 所示。

图 2-13

图 2-14

图 2-15

2．黄金螺线

（1）打开图片后，使用裁剪工具，黄金螺线位置裁剪图片，如图 2-16 所示。

图 2-16

（2）裁剪后效果如图 2-17 所示。

图 2-17

3. 三角形

（1）打开图片后，使用裁剪工具，三角形位置裁剪图片，如图 2-18 所示。

图 2-18

（2）裁剪后效果如图 2-19 所示。

图 2-19

2.5.2　将倾斜照片拉直

（1）使用 Photoshop CC 打开图片，如图 2-20 所示。

图 2-20

（2）使用裁剪工具选项中的"拉直"功能，如图 2-21 所示。将建筑物图片拉直后的效果如图 2-22 和图 2-23 所示。

图 2-21

图 2-22

图 2-23

（3）按 Enter 键结束裁剪命令，拉直前后效果对比如图 2-24 所示。

图 2-24

2.5.3 把照片拉伸使画幅变宽

（1）在 Photoshop CC 中打开图片，如图 2-25 所示。

图 2-25

（2）调整画布大小、参数，如图 2-26 所示。

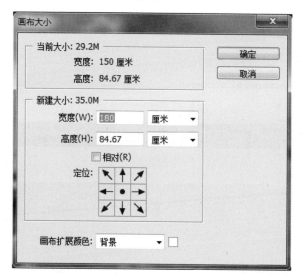

图 2-26

（3）使用快速选择工具，为画面中的船创建选区，如图 2-27 所示。

（4）选择"选择"→"存储选区"命令，参数设置如图 2-28 所示。

（5）选择"编辑"→"内容识别比例"命令，设置保护"内容识别"，如图 2-29 所示。

（6）拖曳变形框，最终效果如图 2-30 所示。

图 2-27

图 2-28

图 2-29

图 2-30

2.5.4　自动拼接全景图

（1）打开图片，如图 2-31 所示，调整画布大小参数如图 2-32 所示。

图 2-31

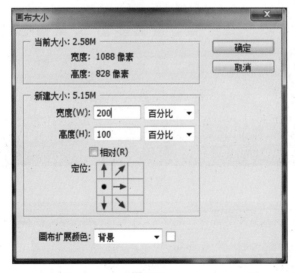

图 2-32

（2）调整后效果如图 2-33 所示。

（3）打开图片，如图 2-34 所示，将其移动至图 2-33 中，并同时选中两张图片所在图层，效果如图 2-35 所示。

（4）单击移动工具选项栏中的"自动对齐图层"按钮，自动对齐图层，选项位置如图 2-36 所示，参数设置如图 2-37 所示，对齐后效果如图 2-38 所示。

图 2-33

图 2-34

图 2-35

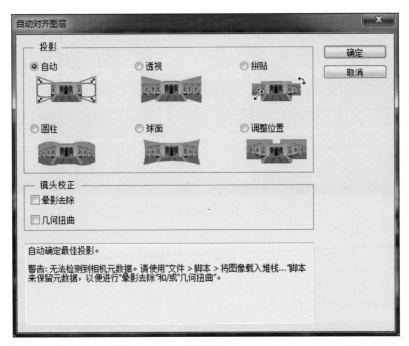

图 2-36

图 2-37

图 2-38

（5）裁剪图片至合适大小，最终效果如图 2-39 所示。

图 2-39

2.6　制作水中倒影

（1）使用 Photoshop CC 打开原图片，如图 2-40 所示。

图 2-40

（2）使用矩形选框工具选出选区，范围如图 2-41 所示。

（3）创建新的图层并将其命名为"倒影层"，复制选区内容后粘贴至"倒影层"中，如图 2-42 所示。

（4）选择"编辑"→"变换"→"垂直翻转"命令，将倒影层图像垂直翻转，翻转后效果如图 2-43 所示。

图 2-41

图 2-42

图 2-43

（5）调整画布大小参数如图 2-44 所示，并使用移动工具调整倒影层位置，如图 2-45 所示。

图 2-44

图 2-45

（6）使用裁剪工具调整构图，并将倒影层转换为智能对象，如图 2-46 所示。

图 2-46

（7）为"倒影层"添加滤镜效果，选择"滤镜"→"模糊"→"动感模糊"命令，动感模糊参数设置如图 2-47 所示。

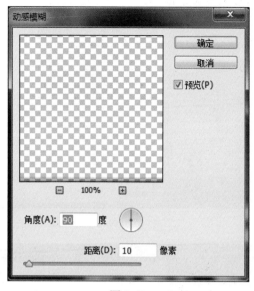

图 2-47

（8）新建图层，将"背景色"设置为"黑色"，参数设置如图 2-48 所示。

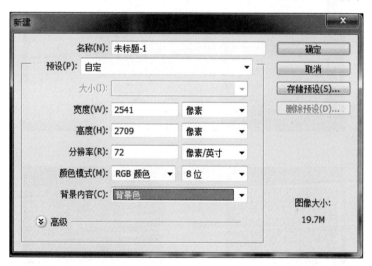

图 2-48

（9）为新建图像添加杂色，选择"滤镜"→"杂色"→"添加杂色"命令，参数设置如图 2-49 所示。

（10）选择"滤镜"→"模糊"→"高斯模糊"命令，参数设置如图 2-50 所示。

（11）进入"通道"面板，选择"红"通道，选择"滤镜"→"风格化"→"浮雕效果"命令，参数设置如图 2-51 所示。

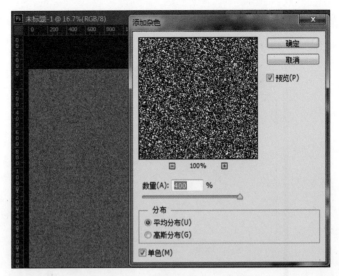

图 2-49

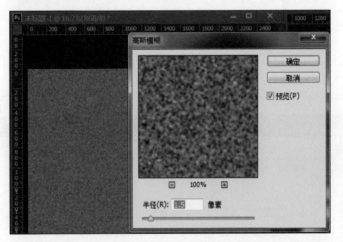

图 2-50

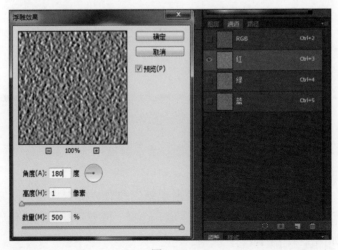

图 2-51

（12）选择"绿"通道，继续使用浮雕效果，参数设置如图 2-52 所示。

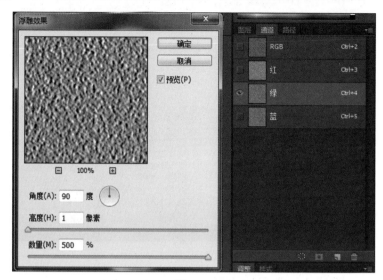

图 2-52

（13）回到"图层"面板，双击图层为图层解锁，选择"编辑"→"变换"→"透视"命令，调整至 80°角，效果如图 2-53 所示，拼合图像，存储为 PSD 文件，将其命名为"水纹"。

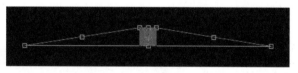

图 2-53

（14）回到原来的图像，选择"滤镜"→"扭曲"→"置换"命令，置换文件为"水纹"，参数设置如图 2-54 所示。

图 2-54

（15）置换参数可以双击图层进行修改，置换后效果如图 2-55 所示。

（16）选择"图层"→"新建"→"图层"命令，参数设置如图 2-56 所示。最终效果如图 2-57 所示。

图 2-55

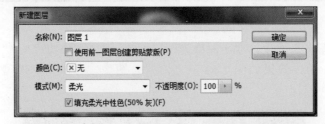

图 2-56

图 2-57

第3章　拍摄失误的后期弥补

3.1　对照片进行白平衡调整

白平衡，字面上的理解是白色的平衡。白色是指反射到人眼中的光线由于蓝、绿、红 3 种色光比例相同且具有一定的亮度所形成的视觉反应。白色光是由赤、橙、黄、绿、青、蓝、紫 7 种色光组成的，而这 7 种色光又是由红、绿、蓝三原色按不同比例混合形成的，当一种光线中的三原色成分比例相同的时候，习惯上人们称其为消色，黑、白、灰、金和银所反射的光都是消色。

通俗的理解白色是不含有色彩成分的亮度。人眼所见到的白色或其他颜色与物体本身的固有色、光源的色温、物体的反射或透射特性、人眼的视觉感应等诸多因素有关。例如，当有色光照射到消色物体时，物体反射光颜色与入射光颜色相同，既红光照射下白色物体呈红色；当两种以上有色光同时照射到消色物体上时，物体颜色呈加色法效应，如红光和绿光同时照射白色物体，该物体就呈黄色。当有色光照射到有色物体上时，物体的颜色呈减色法效应。例如，黄色物体在品红光照射下呈现红色，在青色光照射下呈现绿色，在蓝色光照射下呈现灰色或黑色。许多人在使用数码摄像机拍摄的时候都会遇到这样的问题：在日光灯的房间里拍摄的影像会显得发绿，在室内钨丝灯光下拍摄出来的景物就会偏黄，而在日光阴影处拍摄到的照片则莫名其妙地偏蓝，其原因就在于白平衡的设置上。

白平衡是一个很抽象的概念，最通俗的理解就是让白色所成的像依然为白色，如果白是白，那么其他景物的影像就会接近人眼的色彩视觉习惯。调整白平衡的过程称为白平衡调整，白平衡调整一般有 3 种方式：预置白平衡、手动白平衡调整和自动跟踪白平衡调整。通常按照白平衡调整的程序，推动白平衡调整的开关，白平衡调整电路开始工作，自动完成调校工作，并记录调校结果。如果掌握了白平衡的工作原理，那么使用起来会更加有的放矢，得心应手。

白平衡不准的图片也可以利用 Photoshop 软件的图像调整功能将其白平衡恢复正常，只要在 Photoshop 软件菜单中选择"图像"→"调整"→"匹配颜色"命令，以及"图像"→"调整"→"照片滤镜"命令，调整前后效果如图 3-1 所示。

具体调整参数设置如图 3-2 所示。

图 3-1

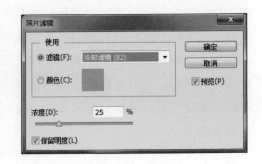

图 3-2

3.2　照片曝光不足处理

3.2.1　使用自动色阶恢复风景照片的明亮度

在 Photoshop 软件菜单中，选择"图像"→"自动色调"命令（即自动色阶），调整前后效果如图 3-3 所示。

3.2.2　使用色阶工具校正曝光不足

在 Photoshop 软件菜单中，选择"图像"→"调整"→"色阶"命令，参数设置如图 3-4 所示。

图 3-3

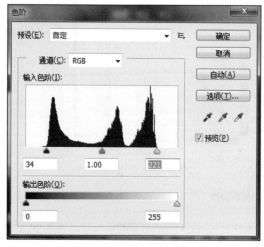

图 3-4

调整前后效果如图 3-5 所示。

图 3-5

3.2.3　使用曲线工具调整亮度合并

在用曲线工具调整图像时，可以调整图像整个色调范围内的点。最初，图像的色调在图形上表现为一条直的对角线。在调整 RGB 图像时，图形右上角区域代表高光，左下角区域代表阴影。图形的水平轴表示输入色阶（初始图像值），垂直轴表示输出色阶（调整后的新值）。在向线条添加控制点并移动它们时，曲线的形状会发生更改，反映出图像调整。曲线中较陡的部分表示对比度较高的区域，曲线中较平的部分表示对比度较低的区域。

亮度合并首先要先调整曲线的端点，位置如图 3-6 所示。

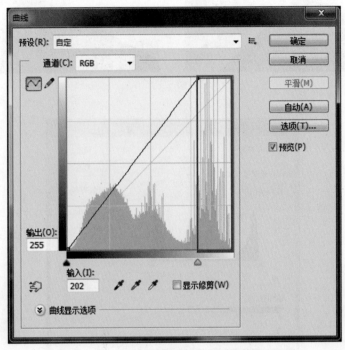

图 3-6

图像调整前后的变化如图 3-7 所示。

图 3-7

亮度合并后的图像，天空变为白色，经过这样的处理更方便进行天空抠图。这里的端点移动，实际上就是使一些原本没有达到 255 像素的输出数值达到了 255 像素，也就是对图 3-6 红色框选区域的像素进行了亮度合并。配合其他图像处理操作可得到更丰富的图像效果，如图 3-8 所示。

图 3-8

3.2.4 使用曝光度工具调亮夜景照片

在 Photoshop 软件菜单中，选择"图像"→"调整"→"曝光度"命令，可以控制图片的色调强弱。与摄影中的曝光度类似，曝光时间越长，照片就会越亮。"曝光度"对话框中有 3 个选项可以调节：曝光度、位移、灰度系数校正。其中，曝光度用来调节图片的光感强弱，数值越大图片会越亮，调高曝光度，高光部分会迅速提亮直到过曝而失去细节，所以调的是高光区；位移用来调节图片中灰度数值，也就是中间调的明暗（中性灰）；灰度系数校正是用来减淡或加深图片灰色部分，也可以提亮灰暗区域，增强暗部的层次。

（1）选择"文件"→"打开"命令，打开图片"美丽夜景"文件。选择"图像"→"调整"→"曝光度"命令，弹出"曝光度"对话框，设置曝光度参数，如图 3-9 所示。

（2）选择"图层调整"→"可选颜色"命令，颜色选为"蓝色"，参数设置如图 3-10 所示。

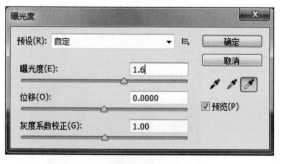

图 3-9

图 3-10

（3）选择"图层调整"→"可选颜色"命令，颜色选为"黄色"，参数设置如图 3-11 所示。

（4）使用矩形选框工具，创建矩形选区，位置如图 3-12 所示。

图 3-11

图 3-12

（5）选择"图层调整"→"可选颜色"命令，颜色选为"青色"，参数设置如图 3-13 所示。
（6）选择"图层调整"→"可选颜色"命令，颜色选为"蓝色"，参数设置如图 3-14 所示。

图 3-13

图 3-14

（7）选择"图层调整"→"色相/饱和度"→"红色"命令，参数设置如图 3-15 所示。

（8）选择"图层调整"→"可选颜色"命令，颜色选为"中性色"，参数设置如图 3-16 所示。

图 3-15　　　　　　　　　　　　　　　　　　图 3-16

（9）使用 Camera Raw 打开图像，参数设置如图 3-17 和图 3-18 所示。

图 3-17

图 3-18

（10）调整前后效果对比如图 3-19 所示。

图 3-19

3.2.5 使用色相/饱和度工具调整照片局部颜色

"色相/饱和度"命令会调整整个图像或图像中单个颜色组件的色相（颜色）、饱和度（纯度）和明度。使用"色相"滑块添加特殊效果，可以给黑白图像上色（类似棕褐色效果）或更改一部分图像的颜色范围。

1. 更改色相或饱和度

更改色相或饱和度，执行下列操作之一。

（1）选择"增强"→"调整颜色"→"调整色相/饱和度"命令。

（2）选择"图层"→"新调整图层"→"色相/饱和度"命令，或打开现有"色相/饱和度"调整图层。

在对话框中显示有两个颜色条，它们以各自的顺序表示色轮中的颜色。上面的颜色条显示调整前的颜色，下面的颜色条显示调整如何以完全饱和状态影响所有色相。

在"编辑"下拉菜单中，选择要调整的颜色。

"全图"可以一次调整所有颜色。

"色相"输入一个值，或拖动滑块，直至出现需要的颜色为止。

文本框中显示的值反映像素原来的颜色在色轮中旋转的度数。正值表示顺时针旋转，负值表示逆时针旋转。值的范围为-180～+180。

"饱和度"输入一个值，或将滑块向右拖动增加饱和度，向左拖动减少饱和度。值的范围为-100～+100。

"明度"输入一个值，或将滑块向右拖动增加明度，向左拖动减小明度。值范围为-100～+100。对整个图像使用该滑块时要小心。它将减小整个图像的色调范围。

单击"确定"按钮。或者要取消更改并重新开始，按住 Alt 键并单击"复位"按钮。

2. 修改色相/饱和度滑块范围的方法

修改色相/饱和度滑块范围，执行下列操作之一。

（1）选择"增强"→"调整颜色"→"调整色相/饱和度"命令。

（2）选择"图层"→"新调整图层"→"色相/饱和度"命令，或打开现有"色相/饱和度"调整图层。从"编辑"菜单中选择单个颜色。

调整滑块执行下列操作之一：①拖动其中一个三角形以调整颜色衰减的数量，而不影响范围。②拖动其中一个浅灰色条以调整范围，而不影响颜色衰减数量。③拖动灰色中心部分以移动整个调整滑块，从而选择不同的颜色区域。

拖动深灰色中心部分旁边的其中一个垂直白色条以调整颜色组件的范围。增加范围可降低颜色衰减，反之亦然。

要将颜色条和调整滑块条一起移动，在按住 Ctrl 键的同时拖动（在 Mac OS 中，按住 Command 键的同时拖动）颜色条，如图 3-20 所示。

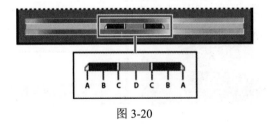

图 3-20

3. 调色示例

（1）打开图片，如图 3-21 所示。

图 3-21

（2）使用"着色"选项将整个图像更改为深紫色，如图 3-22 所示。

图 3-22

（3）在"编辑"菜单中选择"洋红"，并且使用"色相"滑块更改色相，使用"饱和度"滑块使颜色更鲜明或者更柔和，如图 3-23 所示。

图 3-23

4. 调整单独区域的饱和度

（1）选择海绵工具。

（2）使用海绵工具更改区域的颜色饱和度，如图 3-24 所示。

图 3-24

在选项栏中设置工具选项。

"模式"增加或降低颜色饱和度。选择"加色"可增加颜色的饱和度,选择"去色"可减弱颜色的饱和度。在灰度中,"加色"会增加对比度,"去色"会减小对比度。

"画笔"设置画笔笔尖。单击取样画笔旁边的箭头,从"画笔"弹出式菜单选择画笔类别,然后选择画笔缩览图。

"大小"以像素为单位设置画笔大小。拖动"大小"滑块或在文本框中输入大小。

"流量"设置饱和度更改速率。拖动"流量"滑块或在文本框中输入值。

3.3 调整照片曝光过度

(1) 打开图片,如图 3-25 所示,复制背景层图片,按 Ctrl+Alt+2 键选中图片高光区,如图 3-26 所示。

图 3-25   图 3-26

(2) 新建图层,并为高光区填充黑色,选择"图层混合模式"为"柔光","不透明度"为"80%",效果如图 3-27 所示。

(3) 创建调整图层"色彩平衡",参数设置如图 3-28 所示。

(4) 按 Ctrl+Shift+Alt+E 键盖印图层。使用套索工具选择曝光过度区域,按 Shift+F6 键为选择区域添加羽化效果,如图 3-29 所示。

图 3-27

图 3-28

图 3-29

（5）按 Ctrl+M 键打开"曲线"对话框，选择降低曝光区域亮度，效果如图 3-30 所示。

图 3-30

（6）添加纯色，颜色为深蓝色，"图层混合模式"为"颜色"，"不透明度"为 20%，如图 3-31 所示。

（7）盖印图层，并为盖印图层添加滤镜效果，选择"滤镜"→"模糊"→"高斯模糊"命令，参数设置如图 3-32 所示。

图 3-31

图 3-32

（8）选择"编辑"→"渐隐高斯模糊"命令，参数设置如图 3-33 所示。

图 3-33

（9）最终效果对比如图 3-34 所示。

图 3-34

3.4　柔光法消除阴霾提高照片反差

（1）打开图片，如图 3-35 所示。

（2）调整背景层图像的色阶，参数设置如图 3-36 所示。

（3）复制背景层，命名为"柔光层"，如图 3-37 所示。

（4）隐藏"柔光层"，为背景层添加滤镜，选择"滤镜"→"锐化"→"USM 锐化"

图 3-35

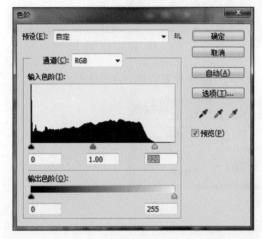

图 3-36

图 3-37

命令，参数设置如图 3-38 所示。

图 3-38

（5）选中"柔光层"，选择"编辑"→"调整"→"去色"命令，效果如图 3-39 所示。

图 3-39

（6）为"柔光层"添加滤镜，选择"滤镜"→"模糊"→"高斯模糊"命令，参数设置如图 3-40 所示。

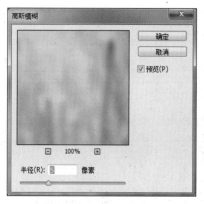

图 3-40

（7）选中柔光层，选择"编辑"→"调整"→"反相"命令，效果如图 3-41 所示。

图 3-41

（8）调整"柔光层"的"图层混合模式"为"柔光"，最终效果对比如图 3-42 所示。

图 3-42

3.5　使色彩黯淡的照片变鲜亮

（1）打开图片，如图 3-43 所示。

图 3-43

（2）为图片添加调整图层"色阶"，参数设置如图 3-44 所示。

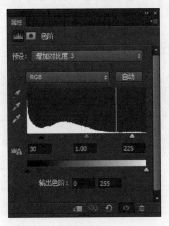

图 3-44

（3）添加调整图层"色相/饱和度"，参数设置如图 3-45 所示。

图 3-45

（4）最终效果对比如图 3-46 所示。

图 3-46

3.6　校　正　偏　色

3.6.1　使用色彩平衡校正偏色

（1）打开图片，如图 3-47 所示。

（2）复制背景层，调整图像，选择"图像"→"调整"→"色彩平衡"命令，参数设置如图 3-48～图 3-50 所示。

（3）复制调整后的图层，将"图层混合模式"改为"柔光"，选择"不透明度"为 50%，效果如图 3-51 所示。

图 3-47

图 3-48

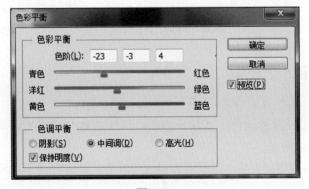

图 3-49

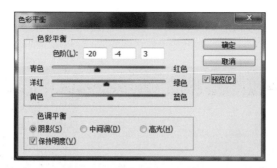

图 3-50

图 3-51

3.6.2　使用平均模糊校正偏色

（1）打开图片，如图 3-52 所示。

图 3-52

（2）复制背景层，并为该层添加滤镜，选择"滤镜"→"模糊"→"平均模糊"命令，效果如图 3-53 所示。

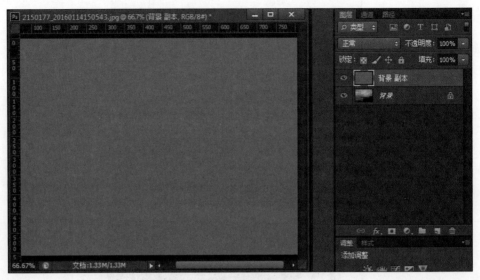

图 3-53

（3）首先选择"背景 副本"图层，然后选择"图像"→"调整"→"反相"命令，效果如图 3-54 所示。

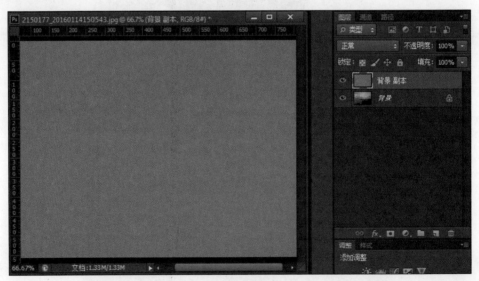

图 3-54

（4）将"背景 副本"图层"图层混合模式"设置为"亮光"，最终效果如图 3-55 所示。

3.6.3　使用曲线校正偏色

（1）打开图片，如图 3-56 所示。

图 3-55

图 3-56

（2）为图像添加调整"曲线"，参数设置如图 3-57 所示。

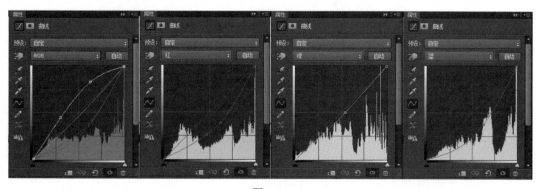

图 3-57

（3）最终效果如图 3-58 所示。

图 3-58

第 4 章　自由调配色彩

4.1　处理成怀旧照片的效果

通过调配色彩与滤镜插件，使人像照片变为怀旧照片效果。效果对比如图 4-1 所示。

图 4-1

（1）打开图片，如图 4-2 所示。

图 4-2

（2）新建一个空白图层，填充图像，设置"前景色"为褐色，"图层混合模式"为"正片叠底"，如图 4-3 所示。

（3）选择"滤镜"→"杂色"→"添加杂色"命令，添加"数量"为 30%，如图 4-4 所示。

图 4-3

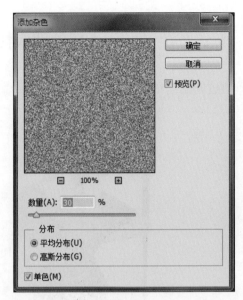

图 4-4

（4）设置"羽化"为"200 像素"，如图 4-5 所示。在工具栏中选择矩形选框工具，在图层 1 上画一个矩形后，按 Ctrl+Shift+I 键反向选择，如图 4-6 所示。

图 4-5

图 4-6

（5）按 Alt+L 键，调整适当数值，完成怀旧效果，如图 4-7 所示。

图 4-7

4.2　将人像照片调整为韩系柔光色调

通过滤镜技术对人像照片色调的变换，达到人像风格的快速变换。效果对比如图 4-8 所示。

图 4-8

（1）打开图片，如图 4-9 所示。

图 4-9

（2）复制图层，如图 4-10 所示。

图 4-10

（3）选择"滤镜"→"模糊"→"高斯模糊"命令，设置"半径"为"10.0 像素"，如图 4-11 所示。

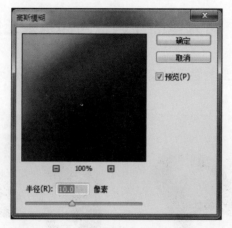

图 4-11

（4）新建空白图层填充浅绿青色，选择"图层混合模式"为"柔光"，"不透明度"为 75%，如图 4-12 所示。

图 4-12

（5）使用工具栏的橡皮擦工具，如图 4-13 所示，设置数值"大小"为"150 像素"，在"背景　副本"图层（见图 4-14）擦除脸部、五官部分，使人物脸部变得清晰，完成韩系柔光效果。

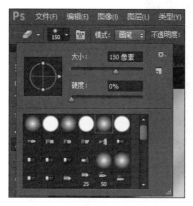

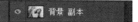

图 4-13　　　　　　　　　　　　　　　　　　　图 4-14

4.3　调整电影胶片分离色调

利用 Photoshop 中的色调分离器与高反差，实现胶片分离色调效果。效果对比如图 4-15 所示。

图 4-15

（1）打开图片，如图 4-16 所示，复制背景图层，如图 4-17 所示。

图 4-16

图 4-17

（2）选择"图像"→"调整"→"色调分离"命令，如图 4-18 所示。在弹出的"色调分离"对话框中，设置"色阶"为 2，完成后单击"确定"按钮，如图 4-19 所示，调整其色调效果。

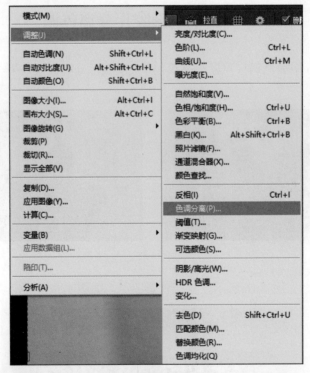

图 4-18

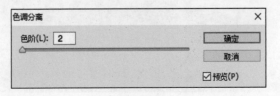

图 4-19

（3）选择"滤镜"→"其他"→"高反差保留"命令，如图 4-20 所示。设置"半径"为"5 像素"，完成后单击"确定"按钮，如图 4-21 所示，调整人物边缘线条。

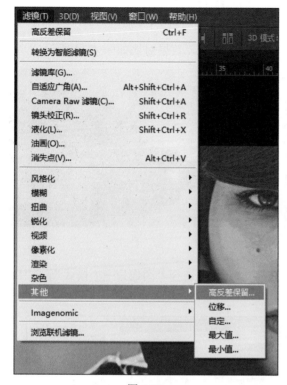

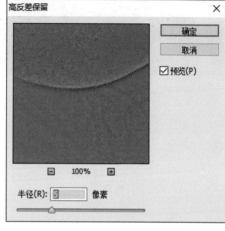

图 4-20　　　　　　　　　　　　　　　　　图 4-21

（4）设置"背景 副本"的"图层混合模式"为"叠加"，如图 4-22 所示，使其具有油画效果。

（5）选择"图像"→"调整"→"亮度/对比度"命令，设置"亮度："为 30，"对比度："为 15，如图 4-23 所示，完成最后效果。

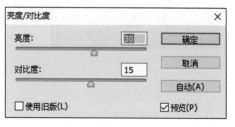

图 4-22　　　　　　　　　　　　　　　　　图 4-23

4.4 快速变换季节

通过对图片色调的变化，使风景照片的季节发生变化。效果对比如图 4-24 所示。

图 4-24

（1）打开背景文件，复制图层，如图 4-25 所示。然后选择"图像"→"模式"→"Lab 颜色"命令，如图 4-26 所示。

图 4-25

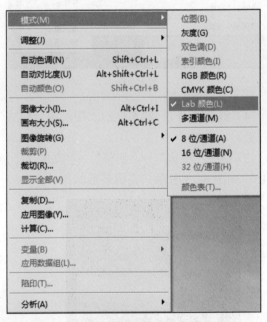

图 4-26

（2）首先选择"通道"面板，单击 a 通道，如图 4-27 所示。然后选择"图像"→"计算"命令，如图 4-28 所示。参数设置如图 4-29 所示。

（3）首先单击 Alpha1 通道，按 Ctrl+A 键进行全选，再按 Ctrl+C 键复制 Alpha1 通道，如图 4-30 所示。然后单击 a 通道，按 Ctrl+V 键粘贴通道，删除 Alpha1 通道，如图 4-31 所示。

图 4-27

图 4-28

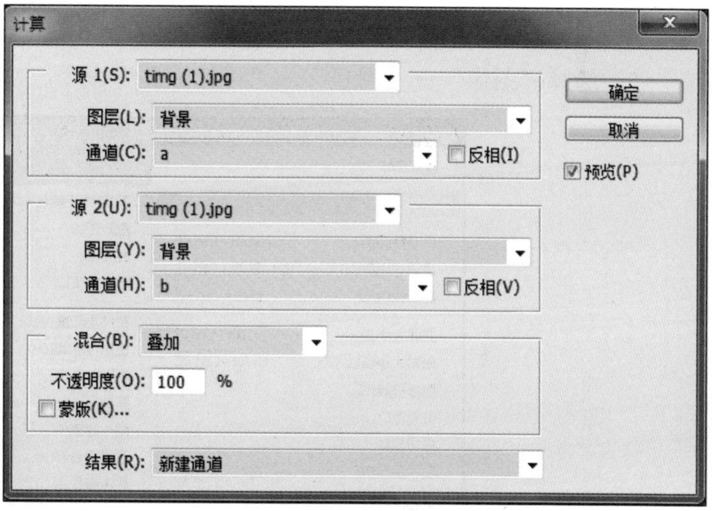

图 4-29

图 4-30

图 4-31

（4）返回"图层"面板，按 Ctrl+D 键取消选区。选择"图像"→"模式"→"RGB 颜色"命令，如图 4-32 所示，返回 RGB 模式。

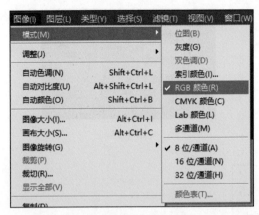

图 4-32

（5）选择"图像"→"调整"→"可选颜色"命令，如图 4-33 所示。

图 4-33

（6）分别对面板中的黄色、青色、中性色调整数值如图 4-34～图 4-36 所示。

（7）选择"图像"→"调整"→"色阶"命令，输入相关数值，如图 4-37 所示，完成最终效果。

图 4-34

图 4-35

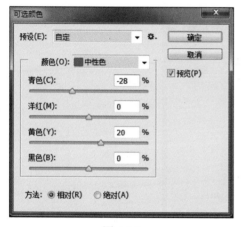

图 4-36

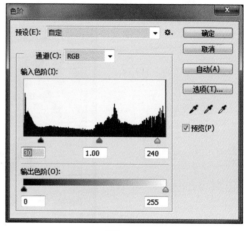

图 4-37

4.5　通过转换颜色模式锐化照片

（1）打开图片，如图 4-38 所示。选择"图像"→"模式"→"Lab 颜色"命令，让图片从 RGB 颜色变为 Lab 颜色模式，并选择通道模式，如图 4-39 所示。

图 4-38

图 4-39

（2）如图 4-40 所示，首先选择图片图层进行复制，然后单击"明度"通道，如图 4-41 所示。选择"滤镜"→"锐化"→"USM 锐化"命令，在弹出的"USM 锐化"对话框中设置图 4-42 中的参数，单击"确定"按钮。

图 4-40

图 4-41

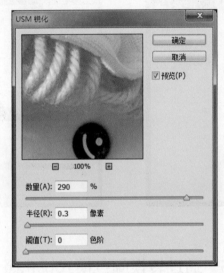

图 4-42

（3）返回图层，可以看出锐化后的图片细节被增强，如图 4-43 所示。

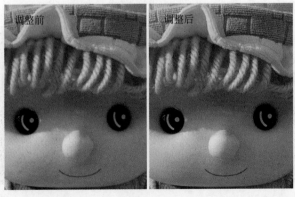

图 4-43

（4）对"明度"通道进行色阶调节，以达到更佳效果。选择"图像"→"调整"→"色阶"命令，在弹出的"色阶"对话框中设置参数，如图 4-44 所示。

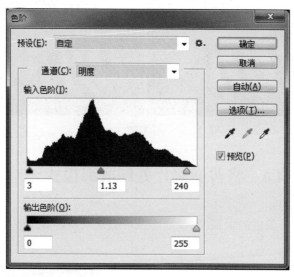

图 4-44

（5）最后，让图片 Lab 颜色返回 RGB 颜色。如图 4-45 所示，选择"图像"→"模式"→"RGB 颜色"命令，转换为 RGB 颜色模式，并在弹出的对话框中选择"拼合"按钮，完成最终效果如图 4-46 所示。

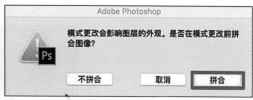

图 4-45

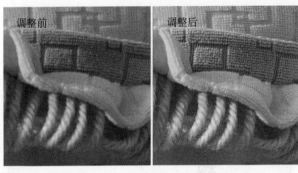

图 4-46

4.6 将普通照片处理成海报式效果

利用图层的叠加与颜色的调整，使普通的照片变换成电影海报效果，如图 4-47 和图 4-48 的效果对比。

图 4-47

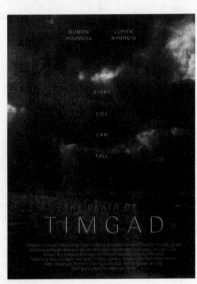

图 4-48

（1）打开图片，如图 4-47 所示，双击锁图标解锁图层如图 4-49 所示。

图 4-49

（2）如图 4-50 所示，选择橡皮擦工具，擦除图片中的蓝天（见图 4-51），把图 4-52 素材云拖入图片里。单击拖曳素材云图层，放置到素材图图层下方，如图 4-53 所示。选择"编辑"→"自由变换"命令，将素材云放大到适中大小，如图 4-54 所示。

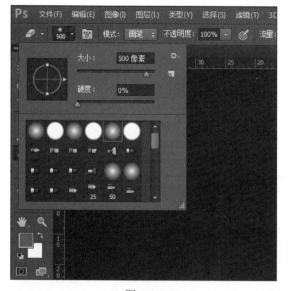

图 4-50

图 4-51

图 4-52

图 4-53

图 4-54

（3）选择"图层"→"拼合图像"命令，如图 4-55 所示。

（4）选择"图像"→"调整"→"色阶"命令，在弹出的"色阶"对话框中修改适当数值，如图 4-56 所示。

（5）新建空白图层，选择渐变工具，在新建图层进行渐变动作如图 4-57 和图 4-58 所示。

图 4-55

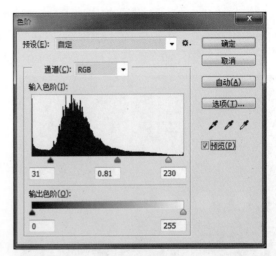

图 4-56

图 4-57

图 4-58

　　（6）新建空白图层，置于图层最上方，对新建图层使用"叠加"模式，并用油漆桶工具对新建图层填充褐色，图层"不透明度"改为80%，如图4-59所示。

　　（7）选择"滤镜"→"杂色"→"添加杂色"命令，在"添加杂色"对话框中设置"数

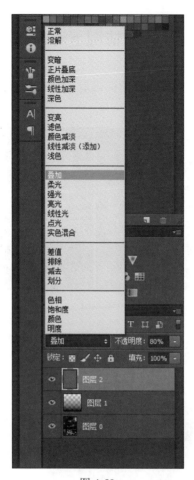

图 4-59

量"为 15%，模仿胶片效果。如图 4-60 所示，设置相应参数后完成最后效果。

图 4-60

4.7　在不改变场景的情况下对人物肤色进行处理

运用钢笔工具与颜色调整，使昏暗的面部颜色变得鲜艳明亮，让人像面部看起来更自然。效果对比如图 4-61 所示。

图 4-61

（1）打开图片，如图 4-62 所示，选择"图像"→"模式"→"Lab 颜色"命令。选取钢笔工具，如图 4-63 所示，对要进行颜色调整的部分进行勾勒选取，如图 4-64 所示。

图 4-62

图 4-63

图 4-64

（2）勾勒选择完毕后，如图 4-65 所示，单击"选区"按钮，在弹出的"建立选区"对话框中，设置"羽化半径"为"5 像素"，使建立的选区与背景自然过渡，如图 4-66 所示。

图 4-65

图 4-66

（3）如图 4-67 所示，选择通道，单独选择"明度"层，按 Ctrl+L 键，弹出"色阶"对话框，设置"输入色阶"为 0、1.2、220，来提升被选区的整体亮度，如图 4-68 所示。

图 4-67

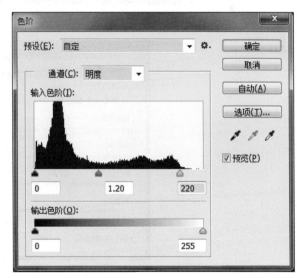

图 4-68

（4）上述工作完成后，首先选择"图像"→"模式"→"RGB 颜色"命令。然后，如图 4-69 所示，选择"图像"→"调整"→"可选颜色"命令，在弹出的"可选颜色"对话框中设置"青色"为−50%，使皮肤颜色更加红润，如图 4-70 所示，完成皮肤颜色调整。

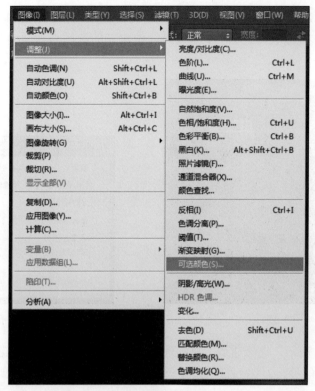

图 4-69

图 4-70

4.8　调制彩虹般浪漫的青春色调

通过简单的图层叠加功能实现色彩丰富的人物照片。效果对比如图 4-71 所示。

（1）打开素材图片，新建空白图层，隐藏背景图层。如图 4-72 所示，选用画笔工具。设置"大小"为 2000 像素，如图 4-73 所示。

图 4-71

图 4-72

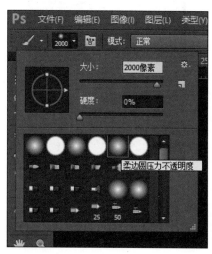

图 4-73

（2）在色板中选取喜欢的鲜艳颜色在空白图层中绘制，如图 4-74 所示。

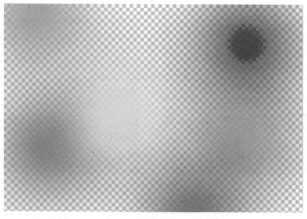

图 4-74

（3）在设置图层上的混合模式中选择"变亮"，如图 4-75 所示。

（4）单击"背景"图层前方的眼睛图标，如图 4-76 所示，显示背景内容，完成效果。

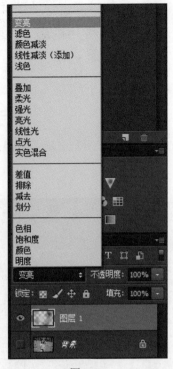

图 4-75

图 4-76

4.9 调整平淡照片到绚丽的景色

通过运用可选颜色功能与通道混合器使照片颜色变得艳丽，从而使景色更加突出。效果对比如图 4-77 所示。

图 4-77

（1）打开原图素材，如图 4-78 所示。选择"图像"→"调整"→"可选颜色"命令，创建可选颜色调整图层，参数设置如图 4-79～图 4-83 所示。

图 4-78

图 4-79

图 4-80

图 4-81

图 4-82

图 4-83

（2）把图层复制一层，将图层"不透明度"改为 20%，如图 4-84 所示。

图 4-84

（3）如图 4-85 所示，选择"图像"→"调整"→"通道混合器"命令，创建通道混合

图 4-85

器调整图层，对红色及蓝色进行调整，参数设置如图 4-86 和图 4-87 所示。

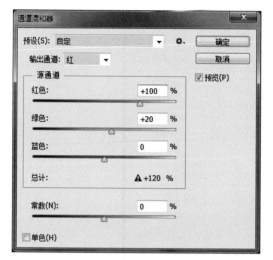

图 4-86　　　　　　　　　　　　　　　　图 4-87

（4）选择"图像"→"调整"→"可选颜色"命令，调整图层，对红色进行调整，参数设置如图 4-88 所示。

（5）复制图层，按 Ctrl+Alt+Shift+E 键盖印图层。选择"滤镜"→"模糊"→"高斯模糊"命令，设置"半径"为"5.0 像素"，如图 4-89 所示。确定后把"图层混合模式"改为"柔光"，图层"不透明度"改为 70%，如图 4-90 所示。

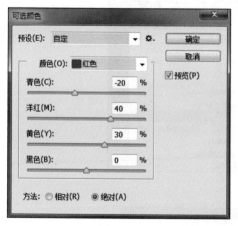

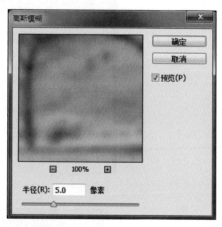

图 4-88　　　　　　　　　　　　　　　　图 4-89

图 4-90

（6）按 Alt+M 键，打开"曲线"对话框，设置相应参数如图 4-91 所示。

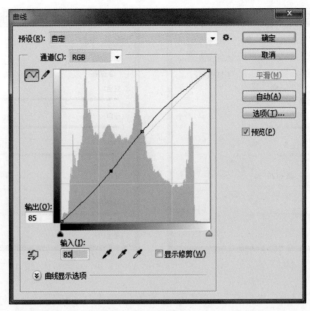

图 4-91

（7）如图 4-92 所示，选择"图像"→"调整"→"色彩平衡"命令，在弹出的"色彩平衡"对话框中，设置相应参数如图 4-93 所示。

图 4-92

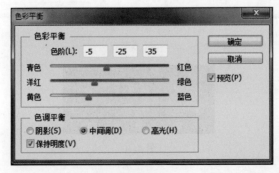

图 4-93

（8）新建一个图层，按 Ctrl+Alt+Shift+E 键盖印图层，"图层混合模式"改为"正片叠底"，图层"不透明度"改为 10%，如图 4-94 所示。选择"图层"→"拼合图像"命令，如图 4-95 所示，完成效果。

图 4-94

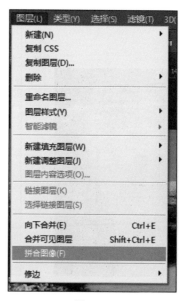
图 4-95

4.10　有质感的皮肤效果

通过运用图层模式与滤镜工具使人物皮肤变得更莹润通透，从而提升面部皮肤的整体质感。效果对比如图 4-96 所示。

图 4-96

（1）打开图片，如图 4-97 所示。选择"图像"→"调整"→"曲线"命令，打开"曲线"对话框，输入相应数值，提升照片亮度与对比度，如图 4-98 所示。

图 4-97

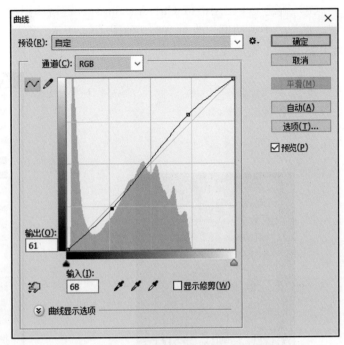

图 4-98

（2）选择套索工具，设置"羽化"为"20 像素"，选取人像面部需要加强的区域，如图 4-99 所示。

图 4-99

（3）选择"滤镜"→"锐化"→"USM 锐化"命令输入相应数值，如图 4-100 所示。选择"图像"→"调整"→"色阶选项"命令，微调数值，提亮所选区域，如图 4-101 所示。

（4）复制图层，"图层混合模式"改为"亮光"。选择"滤镜"→"高反差保留"命令，如图 4-102 所示，输入适当数值，完成最后的调整图。

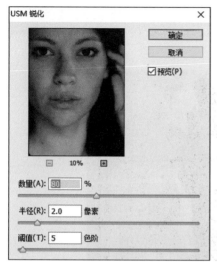

图 4-100

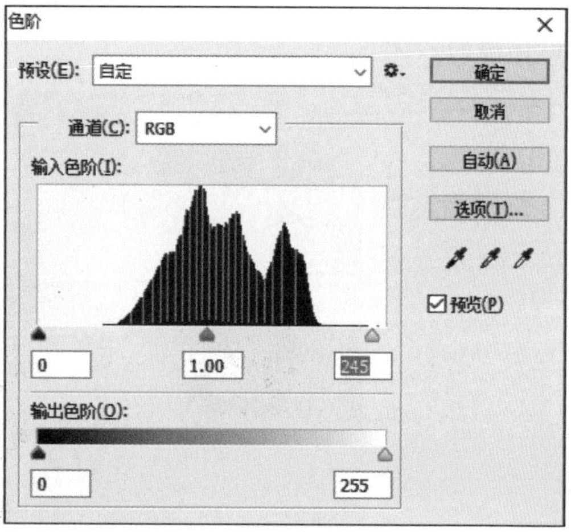

图 4-101

图 4-102

4.11 将彩色照片转换为完美的黑白照片

运用 Photoshop 中的色彩模式转换,使照片由彩色转为黑白,效果对比如图 4-103 所示。

图 4-103

（1）打开图片，如图 4-104 所示，选择"图像"→"模式"→"灰度"命令，进行去色。因为是从彩色转换成黑白色，原有的一些细节就会丢失，需要对黑白照片进行调整，以求最好的黑白效果。

图 4-104

（2）选择套索工具，设置"羽化"为 80%，选取相应区域，选择"图像"→"调整"→"色阶"命令，提升对比度和亮度，如图 4-105 所示。

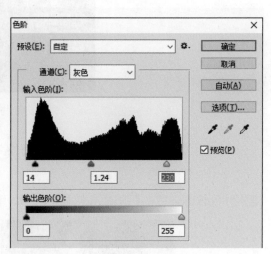

图 4-105

（3）按 Ctrl+M 键，打开"曲线"对话框，输入相应数值，如图 4-106 所示。

（4）首先选择"滤镜"→"杂色"→"添加杂色"命令，打开"添加杂色"对话框，如图 4-107 所示，输入相应数值，模拟黑白胶片的颗粒感。然后选择"图像"→"调整"→"色阶"命令，在弹出的"色阶"对话框中设置参数，如图 4-108 所示，进行对比度的最后调整，完成图像的颜色转换。

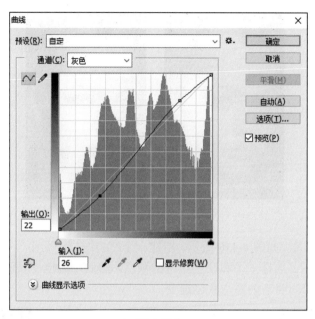

图 4-106

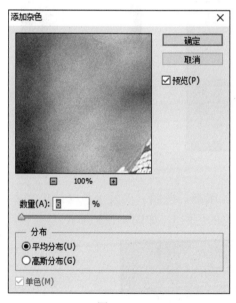

图 4-107

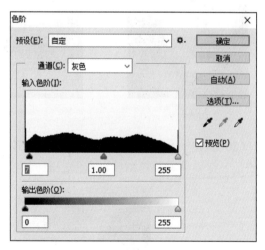

图 4-108

4.12　给黑白照片上色

　　利用图层叠加与画笔工具对黑白照片进行上色，使之变成彩色照片，效果对比如图 4-109 所示。

图 4-109

（1）打开黑白照片，如图 4-110 所示。新建一个空白图层，设置"图层混合模式"为"柔光"，如图 4-111 所示。选择一个和肤色相近的颜色，然后用画笔工具涂抹脸部，如图 4-112 所示，注意人物面部的明暗关系与肤色渐变。

图 4-110   图 4-111   图 4-112

（2）新建一个空白图层，按照涂抹脸部的方法给嘴唇、眼睛、头发上色（这里需要注意的是一定要单独新建图层，方便后面调整各个部位的色彩），如图 4-113 所示。

图 4-113

（3）用橡皮擦擦除每个图层溢出边外的颜色，选择"图层"→"拼合图像"命令，完成最后效果，如图 4-114 所示。

图 4-114

4.13　通过滤镜功能调整照片中的颜色

运用照片滤镜工具的调节使照片的整体颜色基调发生变化，使照片景致达到另一种意境，效果对比如图 4-115 所示。

图 4-115

（1）打开素材图片，单击图层下方"创建新的填充图层或调整图层"按钮，选择"照片滤镜"选项，生成"照片滤镜 1"，调整图层，通过这个图层调整照片滤镜效果，如图 4-116 所示。

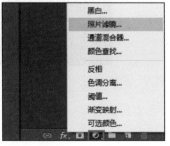

图 4-116

（2）在弹出的"照片滤镜"对话框中，设置"滤镜"为"深黄"，"浓度"为 75%，如图 4-117 所示，设置好后得到 Photoshop 黄色滤光镜照片。

图 4-117

（3）照片的颜色还不够明快，在"图层"面板中创建一个"色阶 1"，调整图层如图 4-118 所示。在弹出的"色阶"对话框中设置参数 14、1.00、205，如图 4-119 所示，完成滤镜照片的制作。

图 4-118

图 4-119

第 5 章　修复瑕疵和缺陷

5.1　修正透视错误的建筑

在拍照时经常遇到由于抖动或者位移使照片的透视发生错误，可通过自由变换工具使照片透视恢复正常效果对比如图 5-1 所示。

图 5-1

（1）打开图片，如图 5-2 所示。复制素材照片图层，如图 5-3 所示。

图 5-2　　　　　　　　　　　　　　图 5-3

（2）选择"编辑"→"自由变换"命令，进行调整，如图 5-4 所示。

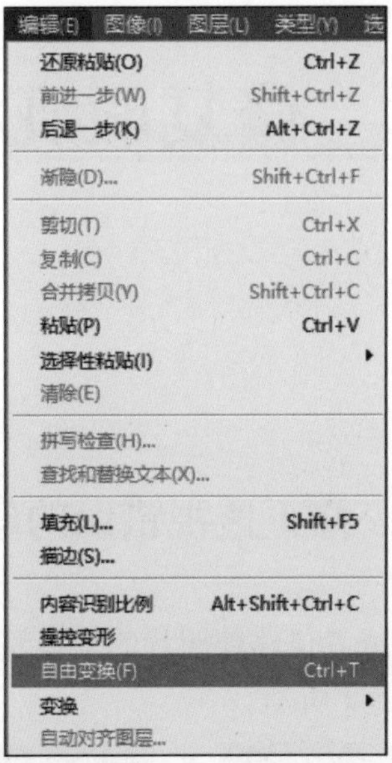

图 5-4

（3）通过调整把建筑恢复成原有状态，调整后选用裁剪工具把素材图片四周多余或缺少的部分裁剪掉，最后完成修正，如图 5-5 所示。

图 5-5

5.2 去除照片中复杂的背景

运用钢笔工具与反选键轻松去除复杂的图片背景。

（1）打开素材图片，双击图层上的锁头图标，解开图层锁定如图 5-6 所示。选取钢笔工具，对要保留的图像进行勾勒选取，如图 5-7 所示。

图 5-6

图 5-7

（2）调出路径界面，选择"建立选区"，如图 5-8 所示，按 Ctrl+Shift+I 键，按 Delete 键删除所选区域，完成修改，如图 5-9 所示。

图 5-8

图 5-9

5.3　校正超广角镜头造成的变形

广角镜头通常拍照时会有少许变形，如产生可用透视功能进行修复，效果对比图 5-10 所示。

图 5-10

（1）打开素材图片，复制素材图片图层，如图 5-11 所示。

图 5-11

（2）选择"编辑"→"变换"→"透视"命令，如图 5-12 所示，对图片进行调节，如图 5-13 所示。

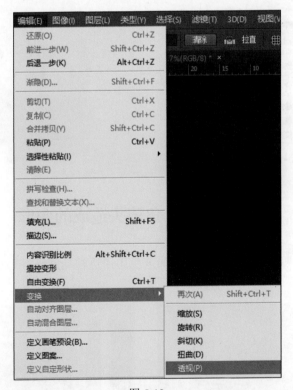

图 5-12

（3）最后按 Ctrl+M 键，打开"曲线"对话框，设置"输出"为 70、"输入"为 69，如图 5-14 所示，完成最后修改。

图 5-13

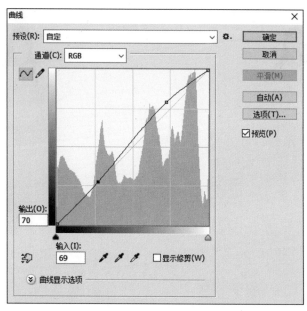

图 5-14

5.4　将人物与背景自然衔接

运用钢笔工具、自由变换、模糊等功能使人物背景由单调变为丰富，效果对比如图 5-15 所示。

（1）打开人物素材照片，如图 5-16 所示。选取钢笔工具，对人物进行勾勒选取，勾勒选取后建立路径选区，按 Ctrl+C 键复制，如图 5-17 所示。

（2）打开另一张素材照片，如图 5-18 所示。按 Ctrl+V 键把复制的人物粘贴到素材图片里，按 Ctrl+T 键，调出自由变换，调整人物大小比例如图 5-19 所示。

调整前　　　　　　调整后

图 5-15

图 5-16

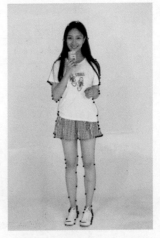

图 5-17

图 5-18

图 5-19

（3）选择背景素材，按 Ctrl+M 键，打开"曲线"对话框，设置"输出"为 53、"输入"为 62，如图 5-20 所示，使人物更加融入背景。

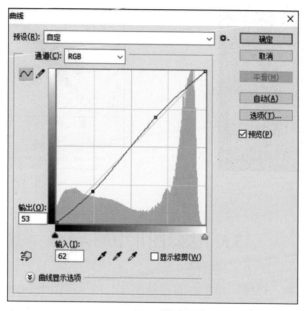

图 5-20

（4）复制人物图层，填充为黑色，按 Ctrl+T 键，调出自由变换工具，按照比例和透视制作出人物影子，如图 5-21 所示。

图 5-21

（5）选择影子"不透明度"为 20%，如图 5-22 所示。选择"滤镜"→"模糊"→"高斯模糊"命令，设置"半径"为"3.0 像素"，使影子更自然柔和，如图 5-23 所示，完成最后修改。

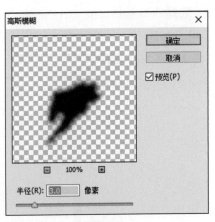

图 5-22

图 5-23

5.5　去除图片中的人物

去除照片中的人物，得到一张单纯的背景图片，效果如图 5-24 所示。

图 5-24

（1）打开素材图片，使用钢笔工具选取墙中可用图案，建立选区并复制，如图 5-25 所示。（这里不适用矩形框选工具是因为矩形框选工具框选的选区是绝对平行的，并不能按照墙体砖面的水平角度框选）

图 5-25

（2）复制的图层移到需要覆盖的地方，调整"不透明度"以看清后面人物为准（调整"透明度"可以方便看清前方图层遮挡人物的位置），如图 5-26 和图 5-27 所示。

图 5-26

图 5-27

（3）图层放置好后，把"不透明度"调整回 100%。选用橡皮擦工具把上方图层四周生硬的地方擦除，身体下半部的擦除以此方法类推，完成对人物的去除，如图 5-28～图 5-30 所示。

图 5-28

图 5-29

图 5-30

5.6　使背景变得简洁而单纯

有些人像照片，人物与背景反差过于强烈，复杂的背景影响了人物的细节，这时可以利用滤镜工具使背景变得简单而单纯，让人物更柔和地融入背景，效果对比如图 5-31 所示。

图 5-31

（1）打开素材图片，使用快速选择工具（见图 5-32）勾勒出人物图，并建立选取，如图 5-33 所示。

图 5-32　　　　　　　　　　　　　　　　　图 5-33

（2）选择"选择"→"反向"命令，反向选取背景，如图 5-34 所示。

图 5-34

（3）选择"滤镜"→"模糊"→"高斯模糊"命令，如图 5-35 所示，设置"半径"为"25.0 像素"，如图 5-36 所示。

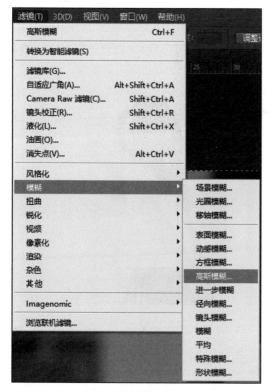

图 5-35　　　　　　　　　　　　　　　　　　　　图 5-36

（4）按 Ctrl+L 键调出色阶选项，如图 5-37 所示，设置"输入色阶"为 0、1.00、185，调整背景亮度对比度，完成最后效果。

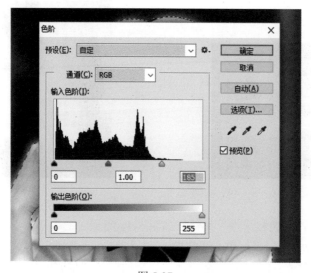

图 5-37

5.7　使人物从复杂的背景中提取出来

把人物快速地从背景中提取出来需要运用到快速选择工具，以及调整边缘选项，效果对比如图 5-38 所示。

图 5-38

（1）打开素材图片，要把人物从此图片中抠出来。抠图前，把原来图层复制多一层，把原来图层眼睛关闭，如图 5-39 所示。

（2）选取快速选择工具，勾勒选取人物，边缘不用很精细，如图 5-40 所示。

图 5-39　　　　　　　　　　　　　　　　　　　图 5-40

（3）单击选项栏"调整边缘"按钮，如图 5-41 所示。

（4）在"调整边缘"对话框中，设置"半径"为"2 像素"、"平滑"为 3，如图 5-42 所示。

（5）选择"选择"→"反向"命令，把原来的图片背景删除掉，剩下人物，如图 5-43 所示，完成最后效果。

图 5-41

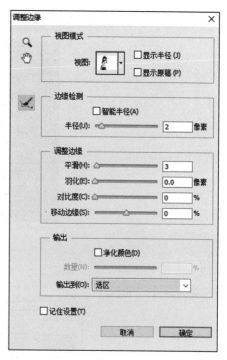

图 5-42

图 5-43

5.8　使模糊的照片变得更加清晰

有时拍摄的照片不够清晰，可运用"滤镜"中的"锐化"命令，让照片更加清晰，效果对比如图 5-44 所示。

图 5-44

（1）先打开素材图片，复制背景层，如图 5-45 所示。

图 5-45

（2）选择"滤镜"→"锐化"→"USM 锐化"命令，在弹出的"USM 锐化"对话框中设置"数量"为 260%，"半径"为"1.0 像素"，阈值不变，如图 5-46 所示。

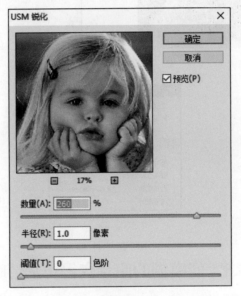

图 5-46

（3）为使照片清晰大致做了基础工作。接着选择"图像"→"模式"→"Lab 颜色"命令，在弹出的对话框中单击"合并"按钮，如图 5-47 的示。

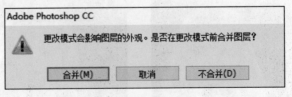

图 5-47

（4）在 Lab 模式下，再创建副本，在"通道"面板中看到图层通道上有了"明度"通道，如图 5-48 所示。选定这个通道，再选择"滤镜"→"锐化"→"USM 锐化"命令，在弹出的"USM 锐化"对话框中设置参数"数量"为 100%、"半径"为"1.2 像素"，如图 5-49所示。

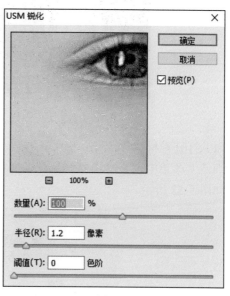

图 5-48　　　　　　　　　　　　　　　　图 5-49

（5）返回"图层"面板，把副本的"图层混合模式"修改为"柔光"，调节"不透明度"为 30%，图 5-50 所示。此时的图像不仅画面更清晰，色彩也更加绚丽。

图 5-50

5.9　去除建筑物夜景照片上的色彩杂点

夜间摄影时往往因为光线不足，照片容易产生杂点，杂点也就是噪点，噪点对照片的纯净度会产生不好的影响，运用 Camera Raw 和滤镜工具可方便去除照片中的杂点，效果对比如图 5-51 所示。

图 5-51

（1）打开素材图片，减少图片中的杂点或噪点，打开"滤镜"→"Camera Raw 滤镜"，在"细节"菜单中设置"半径"为 1.0、"细节"为 25、"明亮度"为 1、"明亮度细节"为 50，如图 5-52 所示。

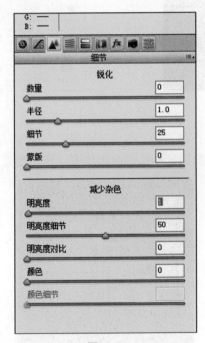

图 5-52

（2）选择"滤镜"→"锐化"→"智能锐化"命令，在弹出的"智能锐化"对话框中设置"半径"为"64 像素"、"减少杂色"为 100%，如图 5-53 所示。

（3）选择"滤镜"→"杂色"→"减少杂色"命令，在弹出的"减少杂色"对话框中设置"强度"为 6、"保留细节"为 80%、"减少杂色"为 100%、"锐化细节"为 10%，如图 5-54 所示。

（4）选择"滤镜"→"杂色"→"蒙尘与划痕"命令，在弹出的"蒙尘与划痕"对话框中设置"半径"为"2 像素"，如图 5-55 所示。

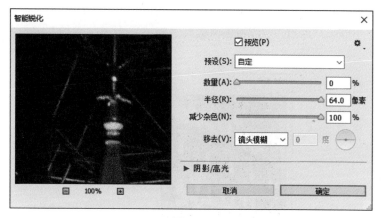

图 5-53

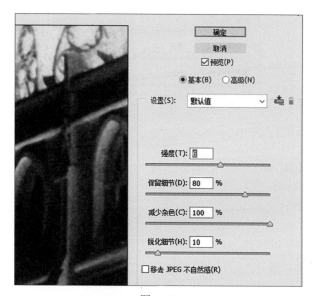

图 5-54

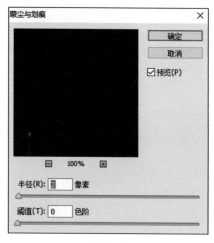

图 5-55

（5）选择"滤镜"→"锐化"→"USM 锐化"命令，在弹出的"USM 锐化"对话框中设置"数量"为 100%、"半径"为"0.2 像素"、"阈值"为"15 色阶"，如图 5-56 所示，完成最后效果。

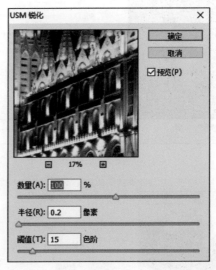

图 5-56

第 6 章　人像修饰

6.1　使两个人的脸变得同样明亮

照片中人物面部照射光线量的不同或者皮肤的肤色较暗会影响人像肤色的一致性，可通过色阶、可选颜色等工具改善皮肤颜色，从而使人物肤色达到一致性，效果对比如图 6-1 所示。

图 6-1

（1）打开素材图片，选用快速选取工具（见图 6-2），选取需要提亮的部分，如图 6-3 所示。

图 6-2　　　　　　　　　　　　　　　图 6-3

（2）单击"调整边缘"按钮，在弹出的"调整边缘"对话框中输入"平滑"为 20、"羽化"为"35 像素"，如图 6-4 所示。

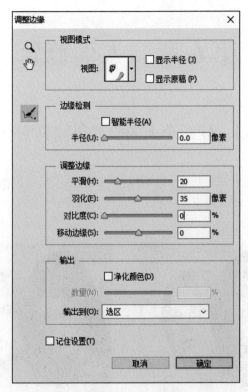

图 6-4

（3）按 Ctrl+L 键，弹出"色阶"对话框，设置"输入色阶"为数值 0、1.14、220，如图 6-5 所示。

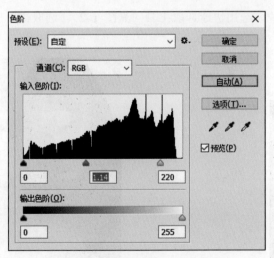

图 6-5

（4）选择"图像"→"调整"→"可选颜色"命令，分别对红色、中性色进行调整。在红色中，设置"青色"为-25%、"黄色"为-35%、"黑色"为-25%。在中性色中，设置"青色"为-6%、"黑色"为-5%，如图 6-6 和图 6-7 所示。

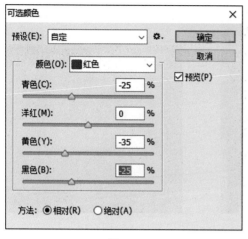

图 6-6

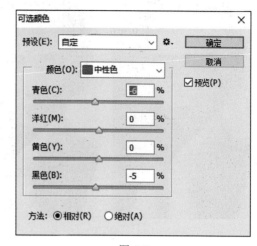

图 6-7

（5）按 Ctrl+M 键，弹出"曲线"对话框，对图像进行最后亮度、对比度调整，设置"输出"为 77、"输入"为 73，如图 6-8 所示，完成最后效果。

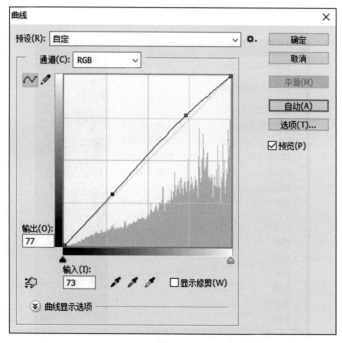

图 6-8

6.2 磨皮方法——减少杂色法

给人像磨皮的方法有很多种，首先介绍减少杂色法，效果对比如图 6-9 所示。

（1）打开素材图片，复制背景图层，如图 6-10 所示。

图 6-9　　　　　　　　　　　　　　　　　　　　图 6-10

（2）如图 6-11 所示，选择"滤镜"→"杂色"→"减少杂色"命令，在弹出的"减少杂色"对话框中调节红、绿、蓝通道数值减少杂色。设置红色的"强度"为 5、"保留细节"为 60%，设置绿色的"强度"为 5、"保留细节"为 60%，设置蓝色的"强度"为 7、"保留细节"为 60%，如图 6-12～图 6-14 所示。

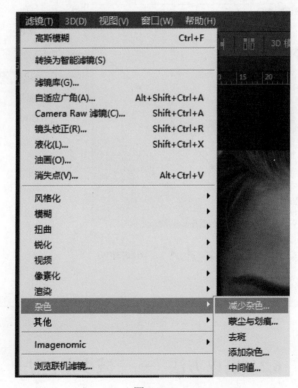

图 6-11

图 6-12

图 6-13

图 6-14

（3）使用污点修复画笔工具，对人像脸部痘痕进行修补，如图 6-15 所示。

图 6-15

（4）选择"图像"→"调整"→"可选颜色"命令，在弹出的"可选颜色"对话框中对红色进行调整，设置"青色"为-40%，如图 6-16 所示。

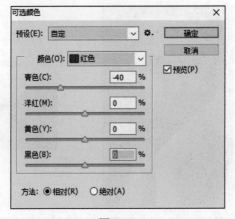

图 6-16

（5）如图 6-17 所示，选择"图像"→"调整"→"曲线"命令，在弹出的"曲线"对话框中，设置"输出"为 67、"输入"为 68，如图 6-18 所示，完成最后的调整。

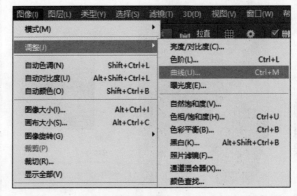

图 6-17

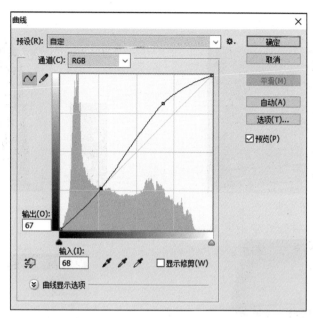

图 6-18

6.3　磨皮方法二——高斯模糊法

磨皮方法中除减少杂色法外，还有同样有效的高斯模糊法，效果对比如图 6-19 所示。

图 6-19

（1）打开素材图片，复制背景图层，如图 6-20 所示。

（2）选择蒙版工具，对人像面部进行绘制，注意避开眉毛、眼睛、嘴等细节丰富部位，如图 6-21 所示。

（3）再次单击蒙版工具，软件将自动生成选区，如图 6-22 所示。选择“选择”→“反向”命令，如图 6-23 所示。

（4）选择“滤镜”→“模糊”→“高斯模糊”命令，在弹出的“高斯模糊”对话框中设置“半径”为“3.0 像素”，如图 6-24 所示。

图 6-20

图 6-21

图 6-22

图 6-23

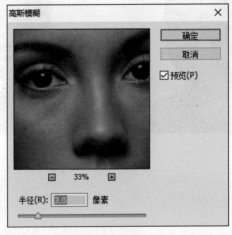

图 6-24

（5）双击背景图层锁头图标，弹出"新建图层"对话框，单击"确定"按钮，解锁图层，并把"背景"图层移至"背景 副本"图层上方，如图 6-25 所示。

（6）选择橡皮擦工具，对上方背景图层人物面部进行擦除，效果如图 6-26 所示。

图 6-25 　　　　　　　　　　　　　　图 6-26

（7）选择"图层"→"拼合图像"命令，如图 6-27 所示。合并图层后，选择"图像"
→"调整"→"可选颜色"命令，对红色进行调整，设置"青色"为–60%，如图 6-28 所示。

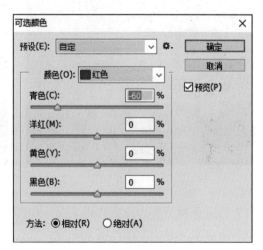

图 6-27 　　　　　　　　　　　　　　图 6-28

（8）接 Ctrl+M 键，弹出"曲线"对话框，进行调整，设置"输出"为 205、"输入"为173，如图 6-29 所示，完成最后效果。

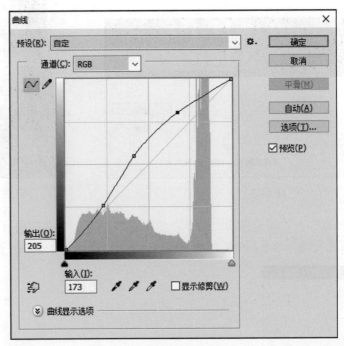

图 6-29

6.4 清 除 红 眼

在拍照中经常会遇到开闪光灯人像红眼问题，通过红眼工具可轻松去除人像红眼，效果对比如图 6-30 所示。

图 6-30

（1）打开素材照片，选取红眼工具，如图 6-31 所示。

（2）用红眼工具单击图片需要去除红眼的位置，如图 6-32 所示，便可轻松消除人像红眼问题。

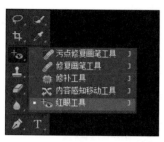

图 6-31

图 6-32

6.5　为人物添加自然彩妆

通过后期为人像上妆，提升人物面部的鲜活气息，让面部看起来更有气色，皮肤更好，效果对比如图 6-33 所示。

调整前　　　　　　　　　　　　　调整后

图 6-33

（1）打开素材图片，首先对人物面色进行调整，使人物面部更红润，选择"图像"→"调整"→"可选颜色"命令，在弹出的"可选颜色"对话框中，对红色和白色进行调整，设置红色的"青色"为-67%、"洋红"为-2%、"黄色"为-36%、"黑色"为+41%，设置白色的"黑色"为-8%，如图 6-34 和图 6-35 所示。

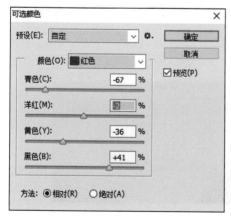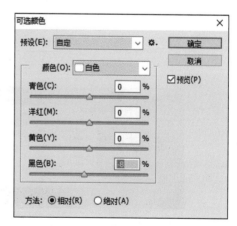

图 6-34　　　　　　　　　　　　　图 6-35

（2）新建空白图层，如图 6-36 所示，用钢笔工具勾勒出嘴唇，右击，在弹出的快捷菜单中选择"建立选区"命令，如图 6-37 所示。设置"羽化半径"为"10 像素"，并填充粉色，如图 6-38 所示。

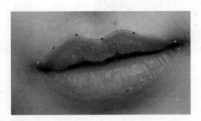

图 6-36

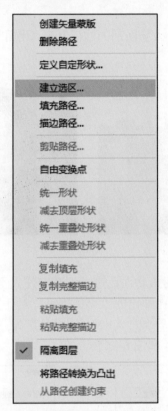

图 6-37

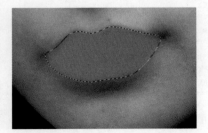

图 6-38

（3）选择"图层混合模式"为"颜色加深"，图层"不透明度"为 50%，如图 6-39
所示。

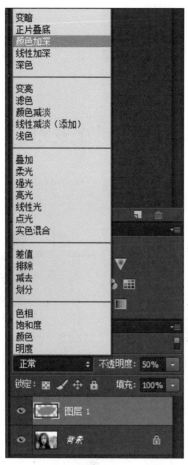

图 6-39

（4）新建空白图层，增加眼影效果，方法与唇部相同，如图 6-40～图 6-42 所示。

图 6-40

图 6-41

（5）选择"图层"→"拼合图像"命令，如图6-43所示，完成最后效果。

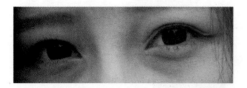

图 6-42

图 6-43

6.6　清除照片中多余的人物

去掉照片中不需要的人物时可运用图章工具和图层覆盖等方法把多余人物从照片中自然地清除，效果对比如图6-44所示。

图 6-44

（1）打开素材图片，使用钢笔工具勾勒出需要复制的区域，设置"羽化半径"为"30像素"，覆盖在需要去除的位置上面，如图6-45所示。

图 6-45

（2）使用橡皮擦工具，擦除覆盖层边缘使其边缘更自然，如图6-46和图6-47所示。

（3）人物头部与腿部方法以此类推，如图6-48所示。

（4）选取所有图层，合并图层，如图6-49所示。

（5）如有不自然的地方，可以用污点修复画笔工具进行修正，如图6-50所示。

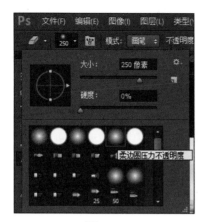

图 6-46

图 6-47

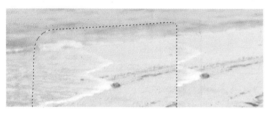

图 6-48

图 6-49

图 6-50

6.7 为人像瘦脸并去除眼袋

通过对人物进行瘦脸和去除眼袋，让照片里的人物更年轻，更有活力，效果对比如图 6-51 所示。

调整前   调整后

图 6-51

（1）打开素材图片，如图 6-52 所示。选择"滤镜"→"液化"命令，如图 6-53 所示。

图 6-52

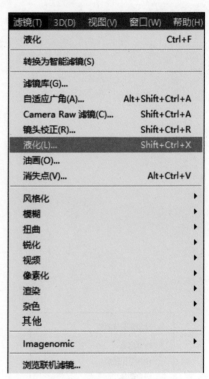

图 6-53

（2）选择向前变形工具，输入相应数值后，并对人像面部边缘向内轻轻推抹，避免五官变形，如图 6-54 和图 6-55 所示。

（3）选择修补工具，勾勒出需要去除的位置，画好后自动建立选区，单击选区向皮肤好的地方拖曳，完成最后效果如图 6-56 所示。

图 6-54

图 6-55

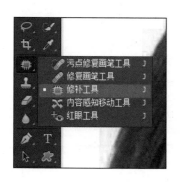
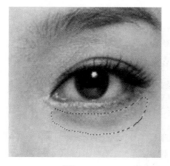

图 6-56

6.8 虚化背景——增强人像的艺术感

人像摄影中往往虚化背景更能体现出人想的艺术感与质感，如数码照相机没有虚化背景的功能，可通过镜头模糊模拟人像背景虚化，从而提升人像照片的质感，效果对比如图 6-57 所示。

（1）打开素材图片，用快速选择工具（见图 6-58），勾勒出人物外形图，如图 6-59 所示。单击"调整边缘"按钮，打开"调整边缘"对话框，设置"平滑"为 25、"羽化"为"10

像素"，如图 6-60 所示。

图 6-57

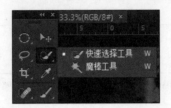

图 6-58

图 6-59

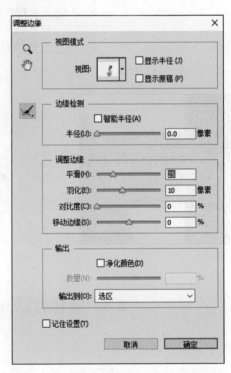

图 6-60

（2）首先选择"选择"→"反向"命令，然后选择"滤镜"→"模糊"→"镜头模糊"命令，设置"半径"为30、"叶片弯度"为5、"阈值"为255，如图 6-61 所示。

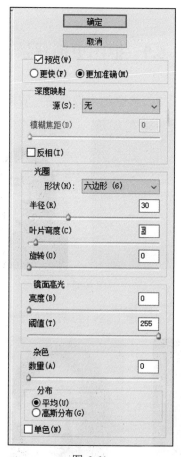

图 6-61

（3）按 Ctrl+L 键，弹出"色阶"对话框，调整亮度对比度，设置"输入色阶"为 4、1.06、234，如图 6-62 所示，完成最后效果。

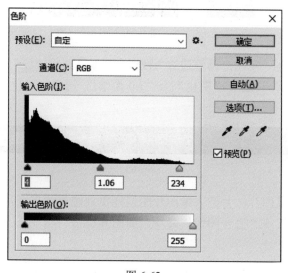

图 6-62

6.9 抠图更换背景

通过抠图等简单手段，轻松更换喜欢的人像背景，效果对比如图 6-63 所示。

图 6-63

（1）打开人像素材，使用快速选择工具，勾勒出人像外形，如图 6-64 所示。

图 6-64

（2）如图 6-65 所示，单击"调整边缘"按钮，打开"调整边缘"对话框，设置"半径"为"250.0 像素"、"平滑"为 8、"羽化"为"1.0 像素"，选中"净化颜色"单选按钮，设置"数量"为 50%，如图 6-66 所示。

图 6-65

（3）打开樱花背景图片，并把人像图片图层拖曳到樱花背景图片中，如图 6-67 所示。

（4）选择"图层"→"拼合图像"命令，如图 6-68 所示，完成最终效果。

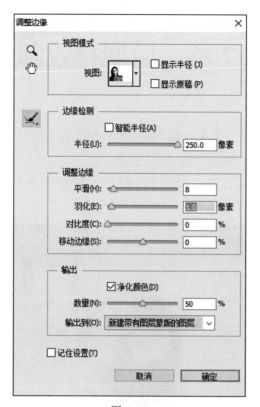

图 6-66

图 6-67

图 6-68

第 7 章 后期特效制作

7.1 添加照片时尚元素

人像摄影后期，可以通过 Photoshop 图层排列，替换新的背景。添加具有时代特色的背景能够使照片的风格焕然一新，效果如图 7-1 所示。

图 7-1

（1）打开人物照片与背景，如图 7-2 所示。

图 7-2

（2）切换到工具栏中的套索工具，设置"羽化"为 20，围绕人物勾选一圈。按 Ctrl+C 键，将人物复制，按 Ctrl+V 键将人物粘贴到背景图片中，如图 7-3 所示。

图 7-3

（3）按 Ctrl+R 键打开标尺，应用移动工具箭头分别在水平和垂直标尺上向外拖曳出新标尺，参考背景图，依次拖曳出多根参考线，将参考线均匀排布，交叉组成整齐的小方格，如图 7-4 所示。

图 7-4

（4）切换到工具栏中的矩形选框工具，设置为"加选"方式，如图 7-5 所示。

图 7-5

（5）应用矩形选框工具，多选多个参考线中的小格，确定选区后，按 Delete 键，删除几个小格子。

（6）"图层"面板中新建一个图层，拖曳到面板最下方，按 Alt+Delete 键，填充为白色。

（7）选择背景图片所在层，单击"图层"面板下方的"图层样式"按钮，弹出"图层样式"对话框，如图 7-6 所示。

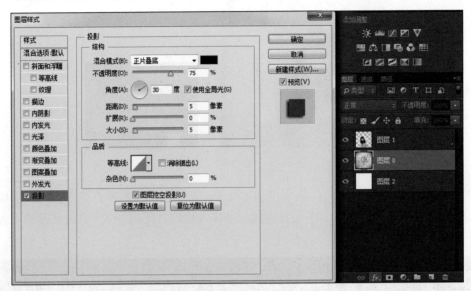

图 7-6

（8）选中"投影"复选框，如图 7-6 所示，进行简单调整，最终完成时尚元素的添加，如图 7-7 所示。

图 7-7

7.2　打造柔光效果

在人物摄影后期，可以通过 Photoshop 滤镜打造柔光照相质感，柔化画面，效果对比如图 7-8 所示。

（1）在 Photoshop 中分别打开人物与背景两张图片，如图 7-9 和图 7-10 所示。

（2）应用工具栏中的魔棒工具，在人物图中单击白色区域，选中除人之外的所有区域，按 Ctrl+Shift +I 键反向选中人物，按 Ctrl+C 键复制，按 Ctrl+V 键将人物粘贴到背景图片之上。

调整前　　　　　　　　　　　　调整后

图 7-8

图 7-9　　　　　　　　　　　　　　　　　　图 7-10

（3）选择"滤镜"→"模糊"→"场景模糊"命令，调节"模糊"为 7，如图 7-11 所示。

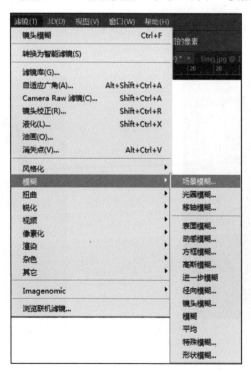

图 7-11

（4）最终使背景产生较好的柔光效果，如图 7-12 所示。

图 7-12

7.3　渲染镜头光照

在人像摄影中，光源的位置和形状会产生不同的图片效果，在 Photoshop 中可以应用滤镜技术，制作出随意的彩色光束。用镜头光晕制作光源，用光照效果改变光源，移动光源到适当位置都可以造成不同的光照效果，应用镜头与光照效果如图 7-13 所示。

（1）打开原图，如图 7-14 所示。

图 7-13

图 7-14

（2）选择"滤镜"→"渲染"→"镜头光晕"命令，参数设置与效果如图 7-15 和图 7-16所示。

图 7-15

图 7-16

（3）选择"滤镜"→"渲染"→"光照"命令，参数设置与效果如图 7-17 所示。

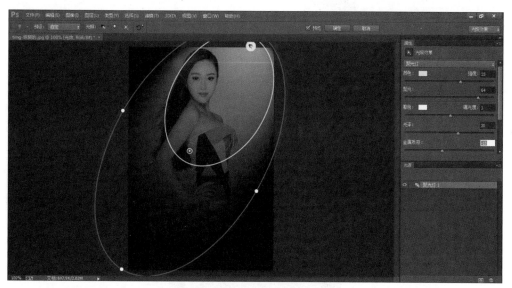

图 7-17

7.4　模拟雨中人物

利用 Photoshop 图层混合技术，可以将照片与自然天气相融合。模拟下雨效果，合成后的效果如图 7-18 所示。

（1）打开原始照片和下雨素材，照片中是阳光晴天的效果，如图 7-19 和图 7-20 所示。

（2）图层排列顺序为人物照片在下，下雨图在上，如图 7-21 所示。

图 7-18

图 7-19

图 7-20

图 7-21

（3）选择图层 1，单击"图层"面板中的"图层混合模式"列表，选择"叠加"模式，操作如图 7-22 所示。

图 7-22

注意：在"图层混合模式"列表中每一行都代表一种特殊的混合方式，可以产生不同的混合效果。

7.5 模 拟 雪 景

应用 Photoshop 软件的绘画技术可以模仿自然现象中的下雪效果，如图 7-23 所示。

图 7-23

（1）打开照片原图，如图 7-24 所示。

图 7-24

（2）新建一个图层 2，应用工具栏中的画笔工具在新图层中绘制一个小圆，颜色调白，如图 7-25 所示。

图 7-25

（3）在"图层"面板中单击图层 2，如图 7-26 所示，同时单击下方的"图层样式"按

图 7-26

钮，弹出"图层样式"对话框，如图 7-27 所示。

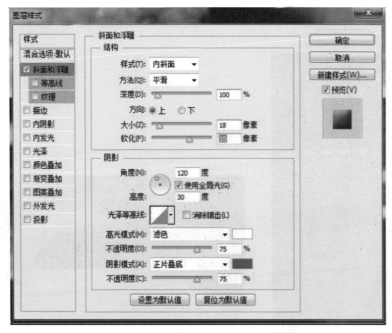

图 7-27

（4）在"图层样式"对话框中，选中"斜面和浮雕"复选框，参数设置与效果如图 7-27
和图 7-28 所示。

图 7-28

（5）在工具栏中，找到画笔工具，按住鼠标左键，在其中选择"混合器画笔工具" 。

（6）混合器画笔工具参数设置如图 7-29 所示。

图 7-29

（7）按住 Alt 键的同时，在白色小圆中心位置单击取样，同时打开"画笔"面板，调节画笔间距，如图 7-30 所示。

（8）应用设置好的画笔在原图的上一层连续涂抹出积雪效果，如图 7-31 所示。

图 7-30

图 7-31

（9）选择"图像"→"调整"→"色相/饱和度"命令，打开"色相/饱和度"对话框，调节参数如图 7-32 所示。

图 7-32

（10）经过调整，图像的饱和度明显降低，效果如图 7-33 所示。

（11）再次在图片中选择石头以及桥间等积雪位置，应用画笔补充涂抹，如图 7-34 所示。

图 7-33　　　　　　　　　　　　　　　　图 7-34

（12）最后选择圆形画笔，调整画笔的硬度使其边缘软化，应用大、中、小 3 种尺寸的画笔在画面中分别单击绘制雪花。

7.6　模　拟　风　吹

应用 Photoshop 中的滤镜技术还可以模仿风吹的画面，效果如图 7-35 所示。

图 7-35

（1）打开原图，并应用矩形选框工具选择图片，注意要留一个小边，如图 7-36 所示。

（2）在当前图层中选择"选择"→"反向"命令，选择边缘地带，如图 7-37 所示。

（3）按 Ctrl+J 键复制当前选区到新图层中，如图 7-38 所示。

图 7-36

图 7-37

图 7-38

（4）对于"图层 1"选择"滤镜"→"滤镜库"→"画笔描边"→"喷溅"滤镜，设置"喷色半径"为 10、"平滑度"为 5，如图 7-39 所示。

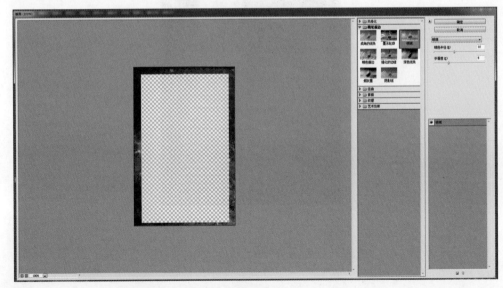
图 7-39

（5）选择"滤镜"→"滤镜库"→"纹理"→"纹理化"滤镜，设置"凸显"为 4，如图 7-40 所示。

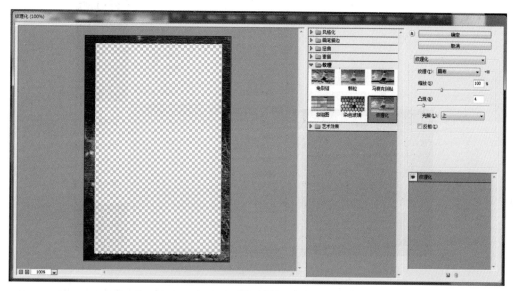

图 7-40

滤镜完成后的效果如图 7-41 所示。

图 7-41

（6）在人物层上按 Ctrl+J 键，复制一个人物层，如图 7-42 所示。

（7）对当前层，选择"滤镜"→"风格化"→"风"滤镜，如图 7-42 所示，打开"风"对话框，设置"风"的方向"从左"，如图 7-43 所示。再选择一次该滤镜，设置"风"的方向"从右"，如图 7-43 所示。

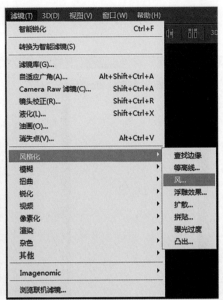

图 7-42

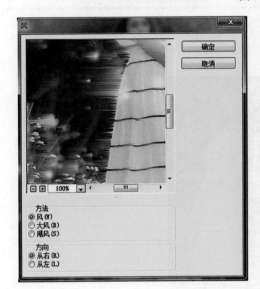

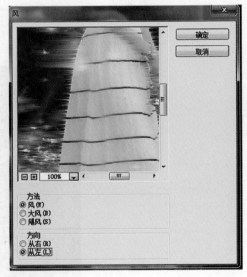

图 7-43

注意： 多次应用风吹滤镜，可以加大风吹的力度。

（8）单击工具栏中的"以快速蒙版模式编辑" 按钮，应用画笔涂抹原人物图层中的人像，然后单击工具栏中的"以标准模式编辑" 按钮，自动选中人的背景，如图 7-44 所示，按 Delete 键删除人物背景，并将该图层在"图层"面板向上拖曳到最顶层，这样可以在风吹效果的同时保持人像的清晰度。

（9）为了更好地突出边缘，可以在边缘图层上添加图层样式，在"图层样式"对话框中选中"斜面和浮雕"复选框，这样可以使图画边缘凸起，产生光影，形成浮雕效果，如图 7-45 所示。

图 7-44

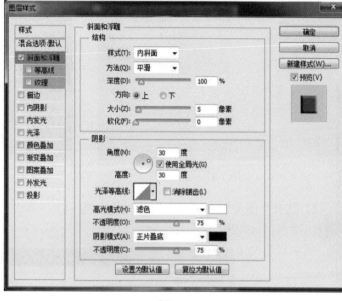

图 7-45

7.7　合成恐怖城堡

为了增加气氛，可以利用 Photoshop 的调色等技术为照片进行调色与混合等操作，从而营造特殊的照片场景，恐怖城堡效果如图 7-46 所示。

图 7-46

（1）打开云层背景图片与城堡图片，如图 7-47 和图 7-48 所示。

图 7-47

图 7-48

（2）选择"图像"→"调整"→"色相/饱和度"命令，打开"色相/饱和度"对话框进行调节，如图 7-49 所示。

图 7-49

通过降低饱和度使天空看起来更加阴沉，调节后的效果如图 7-50 所示。

图 7-50

（3）在城堡图片中按 Ctrl+A 键全选，再按 Ctrl+C 键复制图层，最后按 Ctrl+J 键将其粘贴到乌云层的上方，如图 7-51 所示。

图 7-51

（4）单击工具栏中的"以快速蒙版模式编辑" ⬛按钮，然后应用画笔在城堡上进行涂抹覆盖，可根据需要灵活调大或调小画笔，直到将城堡完全覆盖为止，再次单击"以标准模式编辑" ⬛按钮，自动建立城堡外围选区并删除，效果如图 7-52 所示。

图 7-52

（5）应用矩形选框工具将乌云层中下部分框选，按 Ctrl+T 键将其向下拖曳以便更多地充满背景，效果如图 7-53 所示。

（6）选择城堡图层，选择"图像"→"调整"→"色相/饱和度"命令，打开"色相/饱和度"对话框进行调节，如图 7-54 所示。调整城堡颜色效果如图 7-55 所示。

图 7-53

图 7-54

图 7-55

（7）单击渐变工具并打开其调板，设置黑白渐变颜色，如图 7-56 和图 7-57 所示。

图 7-56

图 7-57

（8）调节图层顺序并设置渐变"图层混合模式"为"正片叠底"，如图 7-58 所示。叠加混合后的效果如图 7-59 所示。

图 7-58

图 7-59

（9）应用工具栏中的多边形套索工具，在图片右上角绘制一个射线，形状如图 7-60 所示。

图 7-60

（10）选择"选择"→"修改"→"羽化"命令，实现选区边缘羽化，用渐变工具填充白色到透明，"渐变编辑器"设置如图 7-61 所示。

图 7-61

（11）完成的白色光束效果如图 7-62 所示，再将产生的光束图层按 Ctrl+J 键两次，连续复制两个，并排排列好，完成最终效果。

图 7-62

第8章 制作特殊合成图片与增加文字效果

8.1 制作合成照片

在进行照片合成时可以巧妙地运用不同的"图层混合模式"以达到不同的光影及色彩组合效果。在"图层混合模式"列表中，有多种混合模式，具体介绍如下。

"正常"（normal）模式：在"正常"模式中，"混合色"的显示与"不透明度"的设置有关。当"不透明度"为 100%，即完全不透明时，"结果色"的像素将完全由所用的"混合色"代替；当"不透明度"小于 100%时，"混合色"的像素会透过所用的颜色显示出来，显示的程度取决于"不透明度"的设置与"基色"的颜色。

"溶解"（dissolve）模式：在"溶解"模式中，主要是在编辑或绘制每个像素时，使其成为"结果色"。但是，根据任何像素位置的"不透明度"，"结果色"由"基色"或"混合色"的像素随机替换。因此，"溶解"模式最好是同 Photoshop 中的一些着色工具一同使用效果比较好，如画笔、仿制图章、橡皮擦工具等，也可以使用文字。当"混合色"没有羽化边缘，而且具有一定的透明度时，"混合色"将融入"基色"内。如果"混合色"没有羽化边缘，并且"不透明度"为 100%，那么"溶解"模式不起任何作用。

"变暗"（darken）模式：在"变暗"模式中，查看每个通道中的颜色信息，并选择"基色"或"混合色"中较暗的颜色作为"结果色"。比"混合色"亮的像素被替换，比"混合色"暗的像素保持不变。"变暗"模式将导致比背景颜色更淡的颜色从"结果色"中被去掉。

"正片叠底"（multiply）模式：在"正片叠底"模式中，查看每个通道中的颜色信息，并将"基色"与"混合色"复合。"结果色"总是较暗的颜色。任何颜色与黑色复合产生黑色，任何颜色与白色复合保持不变。当用黑色或白色以外的颜色绘画时，"绘画"工具绘制的连续描边产生逐渐变暗的过渡色，其实"正片叠底"模式就是从"基色"中减去"混合色"的亮度值，得到最终的"结果色"。

"颜色加深"（color burn）模式：在"颜色加深"模式中，查看每个通道中的颜色信息，并通过增加对比度使"基色"变暗以反映"混合色"，如果与白色混合将不会产生变化，除背景上的较淡区域消失，且图像区域呈现尖锐的边缘特性外，"颜色加深"模式创建的效果和"正片叠底"模式创建的效果比较类似。

"线性加深"（linear burn）模式：在"线性加深"模式中，查看每个通道中的颜色信息，并通过减小亮度使"基色"变暗以反映"混合色"。"混合色"与"基色"上的白色混合后将不会产生变化。

"深色"（dark color）模式："深色"模式通过计算"混合色"与"基色"的所有通道的数值，选择数值较小的作为"结果色"。"结果色"只与"混合色"或"基色"相同。白色与"基色"混合得到"基色"，黑色与"基色"混合得到黑色。深色模式中，"混合色"与

"基色"的数值是固定的，颠倒位置后，混合出的"结果色"是没有变化的。

"变亮"（lighten）模式：在"变亮"模式中，查看每个通道中的颜色信息，并选择"基色"或"混合色"中较亮的颜色作为"结果色"。比"混合色"暗的像素被替换，比"混合色"亮的像素保持不变。在这种与"变暗"模式相反的模式下，较淡的颜色区域在最终的"合成色"中占主要地位，较暗的颜色区域并不出现在最终的"合成色"中。

"滤色"（screen）模式："滤色"模式与"正片叠底"模式正好相反，它将图像的"基色"与"混合色"结合起来产生比两种颜色都浅的第三种颜色。其实就是将"混合色"的互补色与"基色"复合。"结果色"总是较亮的颜色。用黑色过滤时颜色保持不变，用白色过滤将产生白色。无论在"滤色"模式下用着色工具采用一种颜色，还是对"滤色"模式指定一个层，合并的"结果色"始终是相同的合成颜色或一种更淡的颜色。

"颜色减淡"（color dodge）模式：在"颜色减淡"模式中，查看每个通道中的颜色信息，并通过减小对比度使"基色"变亮以反映"混合色"。与黑色混合不发生变化。除了指定在这个模式的层上边缘区域更尖锐，以及在这个模式下着色的笔画外，"颜色减淡"模式类似于"滤色"模式创建的效果。

"线性减淡"（linear dodge）模式：在"线性减淡"模式中，查看每个通道中的颜色信息，并通过增加亮度使"基色"变亮以反映"混合色"。

"浅色"（light colour）模式："浅色"模式通过计算"混合色"与"基色"所有通道的数值总和，哪个数值大就选为"结果色"。因此，"结果色"只能在"混合色"与"基色"中选择，不会产生第三种颜色，与深色模式刚好相反。

"叠加"（overlay）模式："叠加"模式把图像的"基色"与"混合色"相混合产生一种中间色。"基色"比"混合色"暗的颜色使"混合色"倍增，比"混合色"亮的颜色将使"混合色"被遮盖，而图像内的高亮部分和阴影部分保持不变，因此对黑色或白色像素着色时"叠加"模式不起作用。

"柔光"（soft light）模式："柔光"模式会产生一种柔光照射的效果。如果"混合色"比"基色"的像素更亮一些，那么"结果色"将更亮；如果"混合色"比"基色"的像素更暗一些，那么"结果色"将更暗，使图像的亮度反差增大。例如，如果在背景图像上涂了50%黑色，这是一个从黑到白的梯度，着色时梯度的较暗区域变得更暗，而较亮区域呈现出更亮的色调。其实使颜色变亮或变暗，具体取决于"混合色"。

"强光"（hard light）模式："强光"模式会产生一种强光照射的效果。如果"混合色"比"基色"的像素更亮一些，那么"结果色"将更亮；如果"混合色"比"基色"的像素更暗一些，那么"结果色"将更暗。除了根据背景中的颜色而使背景色是多重的或屏蔽的之外，这种模式实质上同"柔光"模式是一样的。它的效果要比"柔光"模式更强烈一些，同"叠加"模式一样，这种模式也可以在背景对象的表面模拟图案或文本。

"亮光"（vivid light）模式：通过减小或增加对比度来加深或减淡颜色，具体取决于"混合色"。如果"混合色"（光源）比50%灰色亮，则通过减小对比度使图像变亮，如果"混合色"比50%灰色暗，则通过增加对比度使图像变暗。

"线性光"（linear light）模式：通过增加或减小亮度来加深或减淡颜色，具体取决于"混合色"。如果"混合色"（光源）比50%灰色亮，则通过增加亮度使图像变亮，如果"混合色"比 50%灰色暗，则通过减小亮度使图像变暗。

"点光"（pin light）模式："点光"模式其实就是替换颜色，其具体取决于"混合色"。如果"混合色"比 50%灰色亮，则替换比"混合色"暗的像素，而不改变比"混合色"亮的像素，如果"混合色"比 50%灰色暗，则替换比"混合色"亮的像素，而不改变比"混合色"暗的像素。这对于向图像添加特殊效果非常有用。

"实色混合"（solid color mixing）模式："实色混合"模式将"混合色"中的红、绿、蓝通道数值，添加到"基色"的 RGB 值中。"结果色"的 R、G、B 通道的数值只能是 255 或 0。因此"结果色"只有 8 种可能：红、绿、蓝、黄、青、洋红、白、黑。由此可以看出"结果色"是非常纯的颜色。

"差值"（difference）模式：在"差值"模式中，查看每个通道中的颜色信息，"差值"模式是将从图像中"基色"的亮度值减去"混合色"的亮度值，如果结果为负，则取正值，产生反相效果。由于黑色的亮度值为 0，白色的亮度值为 255，因此用黑色着色不会产生任何影响，用白色着色则产生被着色的原始像素颜色的反相。"差值"模式创建背景颜色的相反色彩，例如，在"差值"模式中，当把蓝色应用到绿色背景中时将产生一种青绿组合色。

"排除"（exclusion）模式："排除"模式与"差值"模式相似，但是具有高对比度和低饱和度的特点。比用"差值"模式获得的颜色要更柔和、明亮一些。建议在处理图像时，首先选择"差值"模式，若效果不够理想，可以选择"排除"模式。其中与白色混合将反转"基色"值，而与黑色混合则不发生变化。其实无论是"差值"模式还是"排除"模式都能使人物或自然景色图像产生更真实或更吸引人的图像合成。

"减去"（subtracted）模式："减去"模式通过查看各通道的颜色信息，从"基色"中减去"混合色"。如果出现负数就归为零。与"基色"相同的颜色混合得到黑色，白色与"基色"混合得到黑色，黑色与"基色"混合得到"基色"。

"划分"（compartmentalization）模式："划分"模式会使下层根据上层颜色的纯度，相应减去同等纯度的该颜色，同时上层颜色的明暗度不同，被减去区域图像明度也不同。上层图像颜色越亮，被减图像亮度变化就会越小；上层图像颜色越暗，被减图像区域就会越亮。若上层为白色，则对于下层图像既不会减去颜色也不会提高明度；若上层为黑色，则下层图像所有不纯的颜色都会被减去，只留着最纯的三原色，以及其"混合色"、青品黄与白色。

"色相"（hue）模式："色相"模式只用"混合色"的色相值进行着色，而使饱和度和亮度值保持不变。当"基色"与"混合色"的色相值不同时，才能使用描绘颜色进行着色。但是要注意的是"色相"模式不能用于灰度模式的图像。

"饱和度"（saturation）模式："饱和度"模式的作用方式与"色相"模式相似，它只用"混合色"的饱和度值进行着色，而使色相值和亮度值保持不变。当"基色"与"混合色"的饱和度值不同时，才能使用描绘颜色进行着色处理，在无饱和度的区域上（也就是灰色区域中）用"饱和度"模式是不会产生任何效果的。

"颜色"（color）模式："颜色"模式能够使用"混合色"的饱和度值和色相值同时进行着色，而使"基色"的亮度值保持不变。"颜色"模式可以看成是"饱和度"模式和"色相"模式的综合效果。该模式能够使灰色图像的阴影或轮廓透过着色的颜色显示出来，产生某种色彩化的效果。这样可以保留图像中的灰阶，并且对给单色和彩色图像着色都非常有用。

"明度"（luminosity）模式："亮度"模式能够使用"混合色"的亮度值进行着色，而保持"基色"的饱和度值和色相值不变。其实就是用"基色"中的"色相"和"饱和度"，以及"混合色"的亮度创建"结果色"。

下面以一张人物照片为例，完成一个特殊合成，最终效果如图 8-1 所示。

图 8-1

（1）在 Photoshop 软件中打开照片原图和一张装饰图，如图 8-2 和图 8-3 所示。

图 8-2

图 8-3

（2）将凤凰装饰图拖曳到人物图层上，选择"编辑"→"自由变换"命令，调整凤凰的大小、角度和位置，如图 8-3 所示。

（3）调整后的图层顺序如图 8-4 所示。

图 8-4

（4）选取凤凰所在图层，选择"选择"→"色彩范围"命令，点选凤凰图白色部分，调整"颜色容差"为 200，如图 8-5 所示。

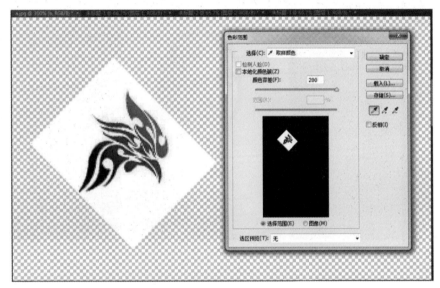

图 8-5

（5）按 Delete 键删除白色选区，选择"编辑"→"自由变换"命令，旋转凤凰角度使其适应眉形并调节大小。再应用橡皮工具将凤凰与头发重合的尾翼部分擦除，效果如图 8-6 所示。

图 8-6

（6）切换到人物层作为当前图层，如图 8-7 所示。

图 8-7

（7）应用工具栏中的磁性套索工具，从图片外边框到人物周围滑动鼠标就会自动形成人物外围的选区，如图 8-8 所示。

图 8-8

（8）将一张彩色背景图从外部拖曳到当前文件画面中，注意此时该图片为智能图片，用鼠标拖曳该图片周围的控制点，重新调整大小使其将人物完全覆盖，如图 8-9～图 8-11 所示。

图 8-9

图 8-10

图 8-11

（9）从外部拖曳一张文字图片到画面中，重新调整图层顺序，使人物层在上，文字图和背景图在下，如图 8-12 所示。

图 8-12

（10）选择"选择"→"色彩范围"命令，单击文字图绿色部分形成自动选区，设置"颜色容差"为 200，将选区中的内容按 Delete 键删除，参数设置及图片效果如图 8-13 和图 8-14 所示。

图 8-13　　　　　　　　　　　　　　　　　图 8-14

（11）保持当前层为文字层，在文字层中按 Ctrl+J 键再次复制了一个文字层，对复制的图层单击"图层"面板下方的"图层样式"按钮，勾选内阴影，参数设置与图片效果如图 8-15 和图 8-16 所示。

添加阴影后的文字效果如图 8-17 所示。

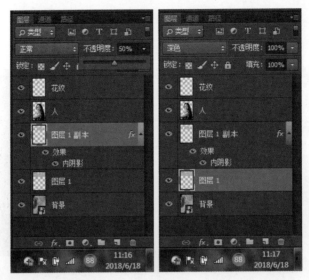

图 8-15

图 8-16

图 8-17

（12）从外部拖曳一张花朵图片到画面当中，如图 8-18 所示。

图 8-18

（13）应用工具栏中的魔棒工具，单击花环外部单色区，选择选项栏中的"加选模式"，再次单击花环内部，建立完整的选区，如图 8-19 所示。按 Delete 键，将花环背景删除，如图 8-20 所示。

图 8-19

图 8-20

（14）复制花环层，单击"图层"面板上部的"图层混合模式"列表，在其中分别选择"叠加""强光""明度"3 种模式，可以获得 3 种不同的融合效果，如图 8-21 所示。

图 8-21

8.2 多种选区应用

8.2.1 建立规则选区

（1）建立规则选区的方法需要应用工具栏中的选框工具来实现。选框工具共有 4 种，如图 8-22 所示，包括矩形选框工具、椭圆选框工具、单行选框工具和单列选框工具。它们的功能十分相似，但也有各自不同的特点。

图 8-22

矩形选框工具：使用矩形选框工具可以方便地在图像中制作出长宽随意的矩形选区。操作时，只要在图像窗口中按住鼠标左键同时移动鼠标，拖动到合适的大小松开鼠标，即可建立一个简单的矩形选区。

椭圆选框工具：使用椭圆选框工具可以在图像中制作出半径随意的椭圆形选区。它的使用方法和工具选项栏的设置与矩形选框工具大致相同。

单行选框工具：使用单行选框工具可以在图像中制作出 1 像素高的单行选区。

单列选框工具：与单行选框工具类似，使用单列选框工具可以在图像中制作出 1 像素宽的单列选区。

（2）矩形选框工具选取画中局部，按 Ctrl+Alt+I 键反向选择，选取框外围并删除外边图片，如图 8-23 所示，效果如图 8-24 所示。

图 8-23

图 8-24

（3）椭圆选框效果如图 8-25 所示。按 Ctrl+Alt+I 键反向选择，选取框外围并删除外边图片，效果如图 8-26 所示。

图 8-25

图 8-26

8.2.2　使用套索选区

（1）套索工具也是一种经常用到的制作选区的工具，可以用来制作折线轮廓的选区或者徒手绘画不规则的选区轮廓。套索工具共有 3 种，如图 8-27 所示，包括套索工具、多边形套索工具、磁性套索工具。

套索工具：使用套索工具，可以用鼠标在图像中徒手描绘，制作出轮廓随意的选区。通常用它来勾勒一些形状不规则的图像边缘。

多边形套索工具：使用多边形套索工具可以帮助用户在图像中制作折线轮廓的多边形选区。使用时，先将鼠标移到图像中单击以确定折线的起点，然后再陆续单击其他折点来

确定每一条折线的位置。最后当折线回到起点时，光标下会出现一个小圆圈，表示选择区域已经封闭，这时再单击即可完成操作。

磁性套索工具：使用磁性套索工具可以利用它具备吸附色彩分界边缘的特点，沿所选图形滑动鼠标，就会自动在图形的边缘根据颜色的深浅识别出一个选区。

图 8-27

（2）使用套索工具选取效果如图 8-28 和图 8-29 所示。

图 8-28

图 8-29

8.2.3　使用魔棒选区

（1）魔棒工具是 Photoshop 中一个有趣的工具，它可以帮助用户方便地制作一些轮廓复杂的选区，这为用户节省大量的精力。该工具可以把图像中连续或者不连续的颜色相近的区域作为选区的范围，以选择颜色相同或相近的色块。魔棒工具使用起来很简单，只要在图像中单击一下即可完成操作。

魔棒工具的选项栏中包括选择方式、容差、消除锯齿、连续和用于所有图层。

选择方式：有新选区、添加到选区、从选区减去、与选区交叉 4 种方式。4 种方式可以配合魔棒工具，实现新建选区、增加选区、减少选区以及形成交叉选区的操作。

容差：魔棒将依据所处位置的颜色作为取样值，与其接近的颜色形成选区。其范围大小由容差值决定，容差值越大则选取范围越大；相反容差值越小则选取范围越小。

消除锯齿：用于消除不规则轮廓边缘的锯齿，使边缘变得平滑。

连续：勾选连续，则只选取色彩相近的连续区域；勾选不连续，则可选取所有色彩相近的区域。

用于所有图层：如果该项被选中，则选区的识别范围将跨越所有可见的图层；如果该项未被选中，魔棒工具只在当前应用的图层上识别选区。

（2）使用魔棒工具单击蓝色天空，选取天空区，效果如图 8-30 和图 8-31 所示。

图 8-30

图 8-31

8.2.4　使用色彩范围选区

　　色彩范围允许设计者指定一处色彩作为依据，在图片中将有该色彩存在的区域选择出来，范围的大小可以通过调整"颜色容差"控制，值越大范围越大。"色彩范围"位于菜单中"选择"的下层。对照片原图 8-32 应用"色彩范围"选择，如图 8-33 所示，选择范围如

图 8-32

图 8-33

图 8-34 所示。

图 8-34

8.2.5　选区的相加、相减、交叉

对于选框、套索与魔棒工具，都具有一个共同的选项栏，即指定当前选择状态为相加、相减、交叉，如图 8-35 所示。

图 8-35

下面依次采用相加、相减、交叉 3 种不同选择模式，如图 8-36 所示。

图 8-36

8.2.6　羽化选区

羽化选区就是将选区边缘处理出虚化效果，经过羽化处理的图片与背景融合得更好。对图片进行边缘羽化的具体过程如下。

（1）打开一张沙漠图片（见图 8-37），应用魔棒工具单击选中湖面，并按 Ctrl+C 键复制，如图 8-38 所示。

（2）打开一张莲花图片，按 Ctrl+J 键将上面复制的湖水粘贴到莲花中间位置，如图 8-39 所示。

（3）应用魔棒选中莲花图层上方的湖面区域，如图 8-40 所示，再回到莲花层，按 Ctrl+C 键复制花朵，跳转到沙漠图片中，按 Ctrl+V 键将花朵粘贴到沙漠中心湖面中，如图 8-41 所示。

图 8-37

图 8-38

图 8-39

图 8-40

图 8-41

（4）选择"选择"→"修改"→"羽化"命令，如图 8-42 所示，设置"羽化半径"为"30 像素"，如图 8-43 所示，得到一个羽化的选区，如图 8-44 所示。

（5）选择"选择"→"反向"命令，选择莲花外边区域，如图 8-45 所示，按 Delete 键两次，产生了虚化的边缘效果，莲花与沙湖完美结合，效果如图 8-46 所示。

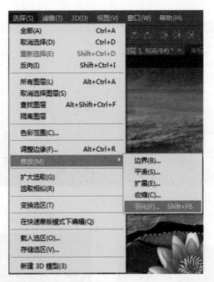

图 8-42

图 8-43

图 8-44

图 8-45

图 8-46

8.3　查找边缘抠图

　　Photoshop 的选框、套索、魔棒 3 种选择工具的属性选项栏中具备一个共同的"调整边缘"按钮，配合选择工具可以对选区的边缘进行更好的调节，如平滑、羽化、移动等方面。下面以一个带有发丝的人像照片为例，应用调整边缘进行细致抠图，最终效果如图 8-47 所示。

图 8-47

　　（1）打开照片原图，如图 8-48 所示。
　　（2）应用套索工具组中的磁性套索工具 ，在人物的周围逐步滑动，自动形成选区，按 Delete 键删除背景，如图 8-49 所示。

图 8-48

图 8-49

　　（3）在工具栏中切换到矩形选框工具 ，在选项栏中单击"调整边缘"按钮 调整边缘… ，弹出"调整边缘"对话框，如图 8-50 所示。
　　（4）在"调整边缘"对话框中单击"调整半径" 工具，对于图片中的头发丝缝等位置应用小笔头小心涂抹，使头发分出细节，涂抹完成后，如图 8-50 所示完成相关设置，设置"平滑"为 9、"羽化"为"1.2 像素"、"对比度"为 17%、"移动边缘"为-57%，同时选中"智能半径"和"净化颜色"单选按钮，最终单击"确定"按钮。完成精确选区后删除选区内容，在背景层填充绿色，效果如图 8-51 所示。

（5）从外部导入一张背景图片（见图 8-52），到当前画面中，旋转到人像层下方，调整背景层的大小和位置，使其更好地衬托人像，最终完成抠图工作。

图 8-50

图 8-51

图 8-52

8.4　文字与效果

在进行图片后期合成时，有一步非常重要的工作——制作文字。在 Photoshop 中制作文字通常包括 3 种：制作单行文字、制作成块文字、添加文字特效。关于文字的所有操作都可以使用文字工具 T 来实现，掌握文字工具的使用方法和技巧非常重要。下面主要介绍段落文字和文字特效的制作方法。

8.4.1 段落文字

（1）新建一个文档，在工具栏中找到文字工具，按住鼠标左键，弹出文字工具组，默认选择第一种横排文字工具，如图 8-53 所示。

（2）在画面中应用文字工具拖曳出一个区域，如图 8-54 所示。

图 8-53

图 8-54

（3）在文字框中输入一段文字。

（4）在文字工具对应的选项栏中找到 █ 按钮，单击该按钮后分别打开两个面板，全选所有文字，进行字体、字号、颜色、行间距、首行缩进等设置，如图 8-55 所示。

图 8-55

8.4.2 文字特效

无论是后期处理，还是常见的平面图中文字，一旦出现往往会有一些特效效果的文字作为标题，这些文字特效都是在创建基本文字的基础上再进行一些特殊处理，下面以一组文字综合特效为例介绍 Photoshop 文字特效技术，效果如图 8-56 所示。

（1）准备基础文字。新建一个文档，应用文字工具在画面上部居中位置拖曳出一个字框。输入文字内容"经典相约"，单击文字工具对应的选项栏中的"字符"按钮，弹出"字符"面板，如图 8-57 所示。

图 8-56   图 8-57

（2）选中文字层，如图 8-58 所示，按 Ctrl+J 键 3 次，复制出 3 个文字层，如图 8-59 所示。

图 8-58   图 8-59

（3）应用工具栏中的移动工具拖曳文字副本层中的文字，使它们从上至下摆放，如图 8-60 所示。

（4）在"图层"面板下方找到"图层样式"按钮，如图 8-61 所示。

经典相约

经典相约

经典相约

经典相约

图 8-60

图 8-61

（5）单击"图层样式"按钮后，弹出"图层样式"对话框，如图 8-62 所示。

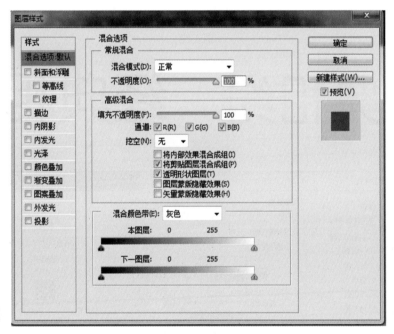

图 8-62

（6）选中"渐变叠加"复选框，调节渐变颜色为"黄-蓝渐变"，如图 8-63 所示，"角度"为"90 度"。

（7）完成后的渐变文字效果如图 8-64 所示。

（8）制作图案文字。继续为文字副本层添加其他图层样式效果。为文字副本层增加图案样式，如图 8-65 所示。

在"图层样式"对话框中，单击图案框右侧的倒三角按钮，打开"图案选择"框，在其中根据需要选择相应的图案，如图 8-66 所示。

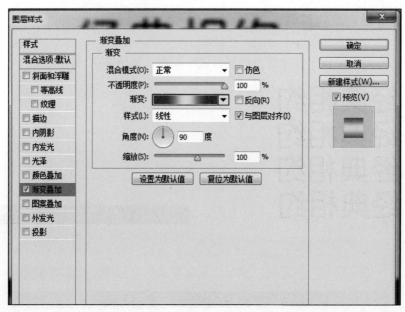

图 8-63

经典相约　　经典相约

图 8-64 　　　　　　　　　　　图 8-65

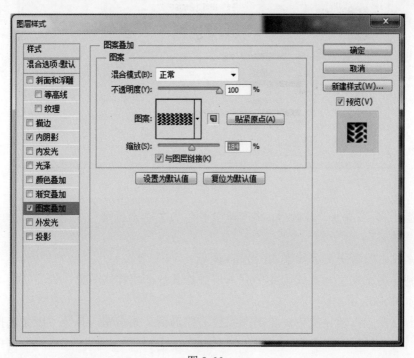

图 8-66

（9）制作彩色阴影文字。继续对文字副本 2 层添加图层样式效果。打开"图层样式"对话框，选中"内阴影""颜色叠加"与"投影" 3 个样式复选框，效果如图 8-67 所示。

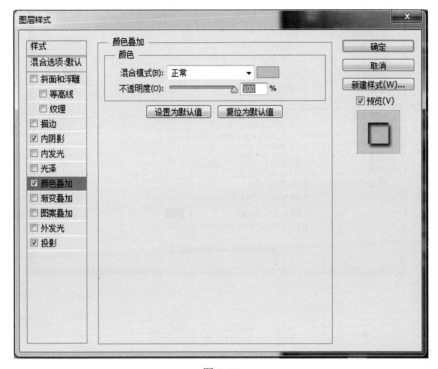

图 8-67

（10）对于"颜色叠加"样式，要单击颜色块，调节为黄色，完成后单击"确定"按钮，3 种样式复合的效果如图 8-68 所示。

图 8-68

（11）制作浮雕文字效果。继续选择文字副本层 3 为其添加"斜面和浮雕"的图层样式，完成后的浮雕文字效果如图 8-69 所示。

经典相约

图 8-69

（12）"斜面和浮雕"图层样式设置如图 8-70 所示。

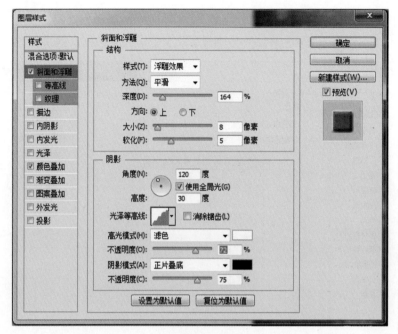

图 8-70

8.5　图像多重曝光

在现实摄影中由于受到天气等环境影响或者是特殊摄影要求，会出现一些曝光过度的照片，但是这样的照片往往需要满足特定的条件，可以利用 Photoshop 后期合成这样的曝光效果，模拟照片曝光如图 8-71 所示。

图 8-71

（1）在 Photoshop 中新建一个文档，从外部拖曳一张海洋图片和一张人物图片到当前文档中，如图 8-72 和图 8-73 所示。

（2）调整图层顺序，使人物图片在海洋图片的上层，如图 8-74 和图 8-75 所示。

（3）切换当前层为人物所在图层，应用工具栏中的魔棒工具点选人物白色背景。

（4）保持选区不动，单击矩形选框工具，找到选项栏中的"调整边缘"按钮，单击该

图 8-72

图 8-73

图 8-74

图 8-75

按钮，弹出"调整边缘"对话框，设置"视图"为"白背景"，选中"智能半径"单选按钮、设置"平滑"为 3，如图 8-76 所示。

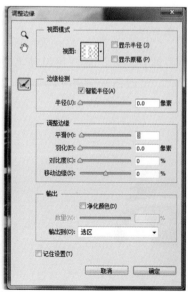

图 8-76

（5）按 Delete 键删除人物背景选区中的白色。在"图层"面板中将海洋图层拖曳到人物图层上层，如图 8-77 所示。

（6）在海洋图层右击，建立图层蒙版，从而使海洋图片作为下方人物图片的蒙版，如图 8-78 所示。

图 8-77

图 8-78

（7）建立蒙版关系后在人物的表面呈现出海洋图案，人物外轮廓保持不变，效果如图 8-79 所示。

（8）在"图层"面板上部调节海洋图层的"图层混合模式"为"滤色"，如图 8-80 所示。

图 8-79

图 8-80

（9）修改"图层混合模式"后，可以使人物与海洋相互融合，形成交错显示的曝光效果，如图 8-81 所示。可以再次复制一个海洋图层将其作为背景层，衬托在人物下方，如图 8-82 所示。

图 8-81

图 8-82

8.6　做旧成老照片

Photoshop 的一些特殊滤镜相结合，可以将新图做旧，模拟过去的老照片效果，如图 8-83 所示。

图 8-83

（1）新建一个文档。将一张风景图片拖曳到当前画面中，如图 8-84 所示。

图 8-84

（2）将风景图层再复制出一层，保留原图的目的是后期对照，图层顺序如图 8-85 所示。

（3）选择"滤镜"→"滤镜库"→"纹理"→"颗粒"滤镜，设置颗粒强度与对比度，再将"颗粒类型"调整为"垂直"方向，通过这些选项，可以在画面上产生一条条垂直的

竖纹，画面形成斑驳的颗粒质感，效果如图 8-86 所示。

图 8-85

图 8-86

（4）在"图层"面板下方单击"图层样式"按钮，弹出"图层样式"对话框，在其中选中"颜色叠加"复选框，双击颜色块并将其调节为"暗黄色"，此时的颜色是为了模仿照片发黄的效果。

8.7 火焰特效合成

在摄影中出现的一些极限场景，例如火焰、爆炸等，完全可以通过 Photoshop 合成技术来实现，而不必浪费布景资源，并且可以规避风险。以火焰战车为例合成特效图片，效果如图 8-87 所示。

（1）打开一张公路图片，如图 8-88 所示。

（2）选择"图像"→"调整"→"曲线"命令，弹出"曲线"对话框，如图 8-89 所示。在其中曲线下方单击出现两个下坡形点，使原图片地面等灰色区域色调加深，效果如图 8-90所示。

图 8-87

图 8-88

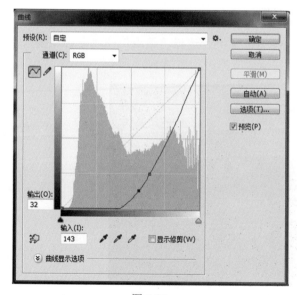

图 8-89

图 8-90

（3）从外部拖曳一张 F1 跑车图片到当前背景层上，如图 8-91 所示。

图 8-91

（4）应用工具栏中的魔棒工具，在选项栏中单击加选模式 ，连续单击 F1 跑车之外的背景区，选中全部背景，并按 Delete 键删除，如图 8-92 所示。

图 8-92

（5）应用移动工具将跑车拖曳到跑道区合适位置上。选择"编辑"→"自由变换"命令，将跑车的位置、尺寸重新调整，使其更好地适应跑道，如图 8-93 所示。

图 8-93

（6）从外部拖曳一张火圈图片到当前画面中，如图 8-94 所示。

（7）再次选择"自由变换"命令调整火圈的大小和位置，使其适应跑车轮胎的位置，按 Ctrl+J 键复制出另一个火圈，如图 8-95 所示。

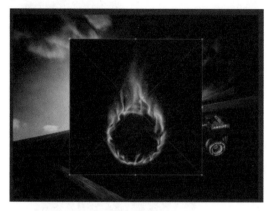
图 8-94

图 8-95

（8）在"图层"面板，分别设置两个火圈图层的"图层混合模式"为"滤色"，如图 8-96 所示。

（9）再次从外部拖曳一张火苗图片到当前画面中，如图 8-97 所示。

图 8-96

图 8-97

（10）应用套索工具，设置选项栏中的"羽化"为 20，首先在火苗周围滑动一周，建立外围选区如图 8-98 所示，然后按 Delete 键删除火苗边缘。这个步骤是为了使火苗周围的黑色背景边缘得到软化，效果如图 8-99 所示。

（11）在火苗所在图层连续按两次 Ctrl+J 键，复制出另外 2 个火苗。应用移动工具修改 3 个火苗的前后位置如图 8-100 所示，将 3 个火苗的"图层混合模式"均设为"滤色"，如图 8-101 所示。

（12）选择"编辑"→"自由变换"命令，将后方的火圈调大，效果如图 8-102 所示。

图 8-98

图 8-99

图 8-100

图 8-101

图 8-102

（13）为了使火苗的燃烧更剧烈，可以对最后一个火苗应用滤镜中的"扭曲"滤镜。分别设置"生成器数"为 5、"波长"最小为 10、"波长"最大为 120、"波幅"最小为 5、"波幅"最大为 35，如图 8-103 所示。

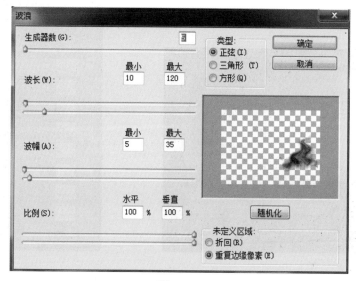

图 8-103

完成后的扭曲效果如图 8-104 所示。

（14）选择后方火苗图层，将该图层的透明度降低，如图 8-105 所示。

图 8-104

图 8-105

（15）从外部拖曳一张成片的火焰图片到当前画面中，如图 8-106 所示，应用菜单中的"自由变换"或按 Ctrl+T 键调整该图的大小和位置，再应用套索工具，设置套索的"羽化"为 20，在当前火焰图周围勾选外边，并按 Delete 键删除选区内容，使火焰与背景相融。

最终的图层顺序如图 8-107 所示。

图 8-106

图 8-107

第9章 打印输出

9.1 使用联系表功能自动进行排版

在摄影后期工作中，将面临处理大量的照片，可以应用 Photoshop 的"联系表"技术将多张照片快速合一。在合并操作前还可以指定合并后的行列排列方式。这项工作在 Photoshop 中实现起来既快捷又简单。以本书实例图片整理为例，最终效果如图 9-1 所示。

（1）打开 Photoshop 软件，新建一个尺寸为"国际标准纸张 A4"的文档。

（2）选择"文件"→"自动"→"联系表"命令，如图 9-2 所示，弹出"联系表"对话框，如图 9-3 所示。

图 9-1

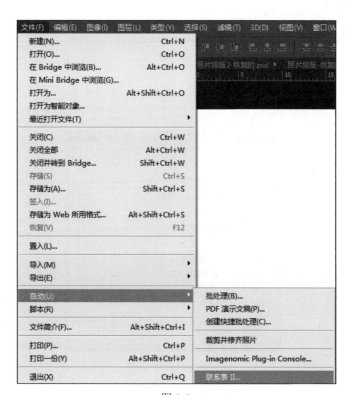

图 9-2

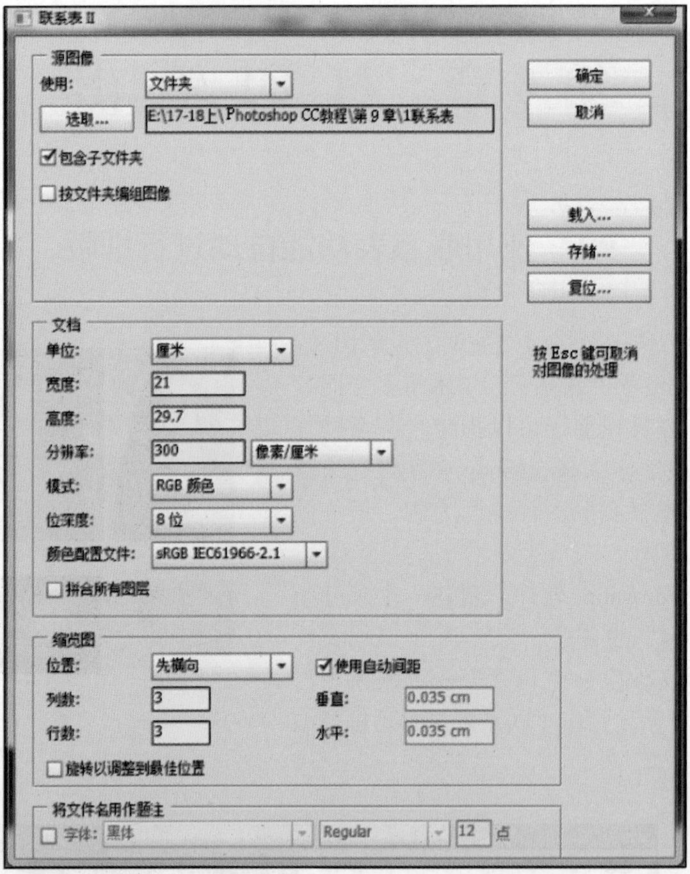

图 9-3

（3）在"联系表"对话框中单击"选取"按钮，如图 9-4 所示，弹出"选择文件夹"对话框。

图 9-4

（4）在"联系表"面板中指定一个图片归档的文件夹位置，归档文件夹如图 9-5 所示。

图 9-5

9.2　使用动作记录方式排版证件照

对于摄影类别中的"寸照"或"证件照"，可以应用 Photoshop 的动作记录方式实现照片的批量排列，在一张照片上拼合多张 1 寸或 2 寸照片，然后打印或冲印输出。当然前期要对原始照片做好抠像、修片、裁剪等工作。

在正式排版前还要了解清楚不同证件照的具体规格和要求，其中 1 英寸＝2.54 厘米，如图 9-6 所示。

照片尺寸参照表

照片尺寸	长×宽/英寸	图片尺寸要求/像素	照片实际尺寸/厘米
1寸/1R			3.5×2.5
身份证大头照			3.3×2.2
2寸/2R			5.3×3.5
护照照片			4.8×3.3
5寸/3R	5×3.5	1500×1050	12.70×8.89
6寸/4R	6×4	1800×1200	15.24×10.16
7寸/5R	7×5	2100×1500	17.78×12.70
8寸/6R	8×6	2400×1800	20.32×15.24
10寸/8R	10×8	3000×2400	25.40×20.32
12寸	10×12	3600×3000	25.40×30.48
14寸	12×14	4200×3600	30.48×35.56
16寸	12×16	4800×3600	30.48×40.64
18寸	14×18		35.56×45.72
20寸	16×20		40.64×50.80
24寸	20×24		50.80×60.96
30寸	24×30		60.96×76.20
36寸	24×36		60.96×91.44

图 9-6

下面以 1 寸照片为例，在 Photoshop 中快速排版，最终效果如图 9-7 所示。

图 9-7

（1）新建一个尺寸为"国际标准纸张 A4"的文档 1，设置"分辨率"为"300 像素/英寸"，"背景内容"为"白色"，如图 9-8 所示。

图 9-8

（2）新建一个尺寸为 2.5 厘米×3.5 厘米的文档 2，设置"分辨率"为"300 像素/英寸"，如图 9-9 所示。

（3）打开某女士 1 寸照片，将其复制粘贴到文档 2 中。选择"编辑"→"自由变换"命令，将其位置居中、尺寸与文档相符，如图 9-10 所示。

（4）选择"窗口动作"命令或按 Alt+F9 键，打开"窗口动作"对话框。在该对话框正文工具栏　　　　　　　　　　　　中选择"新建动作"　　按钮。一旦单击该按钮，就意味着以下所有操作都将被自动记录到新建的"动作 1"下方，如图 9-11 所示。

（5）选择"图像"→"画布大小"命令，重新调整画布为 21 厘米×29 厘米，如图 9-12 所示。

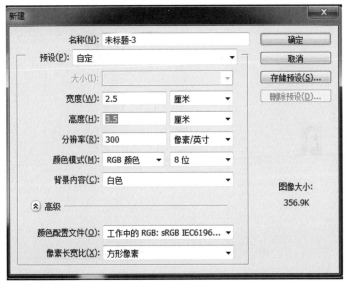

图 9-9

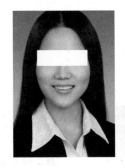

图 9-10

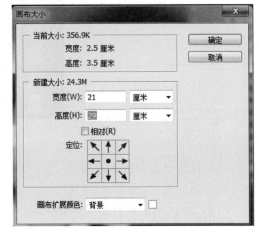

图 9-12

图 9-11

重新修改后的画布如图 9-13 所示。

（6）应用工具栏中的移动工具将照片向画布左上方移动，位置如图 9-14 所示。

图 9-13   图 9-14

（7）单击工具栏中的选择工具，按住 Alt+Shift 键的同时将照片向右方向依次拖曳效果如图 9-15，共出 5 份照片，如图 9-16 所示。

（8）找到"图层"面板中连续选择这 5 个照片图层，再次按住 Alt+Shift 键的同时将照片向下方向拖曳出下一行照片，如图 9-17 所示。

图 9-15   图 9-16   图 9-17

（9）打开一张新的 1 寸照片，如图 9-18 所示，新建一个 2.5 厘米×3.5 厘米的文档，设置"分辨率"为"300 像素/英寸"，用与前面相同的方法调整图片的尺寸，如图 9-19 所示。

（10）按 Ctrl+T 键自由变换调整照片的位置和大小，如图 9-20 所示。

（11）按 Alt+F12 键，打开"动作"面板，如图 9-21 所示，找到之前新建的"动作 1"。单击 ▶ 按钮，执行动作，则软件会自动对照片完成排列，如图 9-22 所示。

图 9-18

图 9-20

图 9-21

图 9-22

9.3　使用图案填充方式快速排版

在 Photoshop 中，可以指定图案的方式进行填充，应用这种方法也可以实现照片的快速排版，以证件照片排版为例，效果如图 9-23 所示。

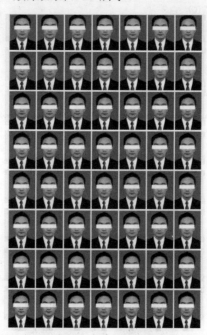

图 9-23

（1）新建一张"国际标准纸张 A4"的文档。在 Photoshop 中打开男士证件照。再新建一个"背景内容"为"白色"的文档，尺寸为 210 毫米×297 毫米，如图 9-24 所示。将证件照拖曳到当前文档中，应用矩形选框工具将证件照区域选中，如图 9-25 所示。

图 9-24　　　　　　　　　　　　　　　　　　　　　　图 9-25

（2）将证件照图层与背景图层同时选中，按 Ctrl+E 键合并两个图层。

（3）选择"编辑"→"定义图案"命令，新建一种新的图案，如图 9-26 所示。

图 9-26

（4）选择"窗口"→"新建参考线"命令，建立水平与垂直共 4 条参考线，具体参数设置如图 9-27 所示。

图 9-27

（5）创建参考线是为了确保打印纸边缘预留一个安全地带，这个边缘一般为 3 毫米，在边缘处不放置图片。创建完成的参考线如图 9-28 所示。

（6）在工具栏中找到渐变工具内部的油漆桶 ，在选项栏中设定"填充内容"为"图案"，打开"图案"列表后在其中选择之前建立的照片图案，如图 9-29 所示。

图 9-28

图 9-29

（7）应用工具栏中的矩形选框工具，在画布中选取除参考线外围的所有部分，应用油漆桶工具在选区内部单击，实现填充如图 9-30 所示。再应用矩形选框工具将外面显示不全的照片删除掉，如图 9-31 所示。

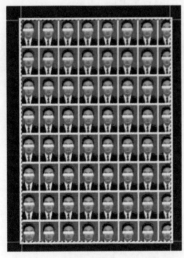
图 9-30

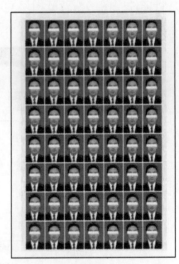
图 9-31

9.4　数码照片的无损放大

根据照片显示或者打印输出的需要，有时必须将较小的照片处理成大照片使用，这就需要利用 Photoshop 调整图像尺寸的技术。在调整时还要注意保证变大的图片不失真，依然保持足够的清晰度。计算机在处理有关图片质量问题时，需要用户根据质量标准选择不同的插值运算方式，每种插值运算后的图片质量都是有区别的。

　　"邻近"插值：计算速度快但不精确，适用于需要保留硬边缘的图像，如像素图的缩放。

　　"两次线性"插值：计算速度快，适于中等品质的图像运算。

　　"两次立方"插值：计算速度较慢，可以使图像的边缘得到最平滑的色调层次。

　　"两次立方（较平滑）"插值：在两次立方的基础上，适用于放大图像，获得高质量图。

　　"两次立方（较锐利）"插值：适用于图像的缩小，用于保留更多在重新取样后的图像细节。

　　小图变大图的具体方法如下。

　　（1）打开原始的小照片，如图 9-32 所示。

图 9-32

　　（2）选择"图像"→"图像大小"命令，进行宽度、高度、分辨率以及采样等相关设置，如图 9-33 所示。

图 9-33

　　（3）通过上步调整，以"两次立方（较平滑）"插值进行"重新采样"，能够进一步提高图片的大小和质量，如图 9-34 所示。

图 9-34

9.5 保存处理后数码照片的方法

使用 Photoshop 处理完成的照片在保存时需要根据不同的用途选择相应的文件格式。下面介绍 3 种常用的图片格式。

JPG 格式：一种常规的图片保存格式，后期处理完毕不再修改的照片可以保存这种格式。该格式背景色默认为白色、不透明。

PNG 格式：一种保存后背景可为透明的图片格式，可以应用于其他软件或图片上，产生透明效果。

PSD 格式：一种 Photoshop 所特有的可编辑图像文件格式，保存为该格式后，下次仍可以在 Photoshop 中找到分级图层，重新修改图层内容。

保存处理后数码照片的方法。

（1）执行下列操作之一。

① 快捷操作：按 Ctrl+S 键直接保存或按 Ctrl+Shift+S 键进行文件的另存，弹出的"另存为"对话框如图 9-35 所示。

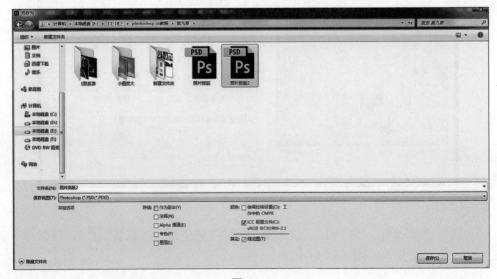

图 9-35

② 菜单操作：选择"文件"→"保存"命令或"文件"→"另存为"命令都可以实现保存，弹出的"另存为"对话框如图 9-35 所示。

（2）在"另存为"对话框中指定"保存位置""文件名字""保存类型"3 项。

图书资源支持

感谢您一直以来对清华版图书的支持和爱护。为了配合本书的使用，本书提供配套的资源，有需求的读者请扫描下方的"书圈"微信公众号二维码，在图书专区下载，也可以拨打电话或发送电子邮件咨询。

如果您在使用本书的过程中遇到了什么问题，或者有相关图书出版计划，也请您发邮件告诉我们，以便我们更好地为您服务。

资源下载、样书申请

书圈

我们的联系方式：

地　　址：北京市海淀区双清路学研大厦 A 座 701

邮　　编：100084

电　　话：010-83470236　010-83470237

资源下载：http://www.tup.com.cn

客服邮箱：2301891038@qq.com

QQ：2301891038（请写明您的单位和姓名）

扫一扫，获取最新目录

课程直播

用微信扫一扫右边的二维码，即可关注清华大学出版社公众号"书圈"。